U0180220

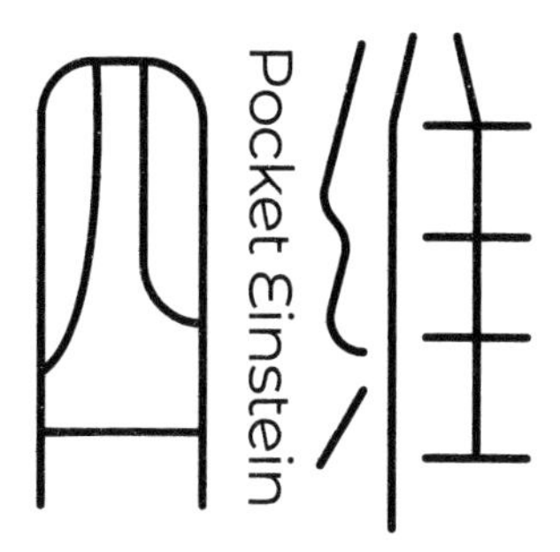

令人惊叹的时间旅行

10 Short Lessons in Time Travel

[英] 布莱恩·克莱格 — 著

王 源 — 译

北京联合出版公司
Beijing United Publishing Co.,Ltd.

目录

前言

很少有电视节目能像《神秘博士》那样具有长久的吸引力，它于 1963 年首次上映，尽管其间停播了一段时间，但 50 多年后依然还在播出，热度不减。我还记得在黑白电视时代，第一集播出时的神奇感觉。它与我在年轻时看到过的任何东西都截然不同。而且，戏剧性的是，这部剧是在那一代长辈所铭记的一个星期里上映的。

1963 年 11 月 22 日中央标准时间[1]中午 12 点 30 分，美国总统约翰·肯尼迪在得克萨斯州达拉斯被暗杀。许多国家的电视广播停顿下来，而就在第二天下午 5 点 15 分，《神秘博士》第一集在英国播出。由于停电和肯尼迪遇刺的阴霾，很多人都错过了

1. Central Standard Time（CST），美国标准时间。

第一集。于是，它在下一周又重新播出。不过，话说回来，《神秘博士》最抓人眼球的一点以及它在历史中达到如此高度的原因，是时间旅行的元素，这是这部剧最突出的特征。

在某种程度上，时间旅行打开了新的视界。博士和他的同伴们探索外星星球，也重返历史事件。英国广播公司本来设想把博士重返历史这一点赋予教育意义，但他们很快发现，在过去和未来间穿越的可能过于戏剧性，而且很多有教育意义的元素都是轻轻带过。时间旅行也同样可以用来探索悖论，因为它可以让人穿越回重大灾难发生之前，继而改变它们，让它们成为压根就没存在过的事。虽然实际节目中这种悖论很少出现，但时间旅行还是给了想象力很大的发挥空间。

这些悖论的可能性在一些好莱坞的时间旅行作品中有更强烈的表现，如《回到未来》（*Back to the Future*）、《环形使者》（*Looper*）等等。当然，在文学经典中也是如此，比如沃德·摩尔（Ward Moore）的《千禧年》（*Bring the Jubilee*）和道格拉斯·亚当斯（Douglas Adams）的《生命、宇宙以及一切》（*Life, the Universe and Everything*）。但是，一般来说，科幻小说的读者已经把时间机器当成一种进行虚构发挥的有趣套路了。因为很多人觉得时间旅行在现实中永远都不可能。

虽然与奇幻小说不同，科幻小说坚持物理上的可操作性，但它以发生现实中被认为不可能成真的事情为特色。这些超现实情节是小说设定所允许的，不过在它们发生之后，小说情节必须遵循已知世界内的实际情况。早期的例子有H.G.威尔斯（H. G. Wells）的小说《登月先锋》（*The First Men in the Moon*）。威尔斯虚构了一种反引力的物质。不过，在他把这个不可能的发明带入小说之后，接下来的情节都按逻辑发展了。

类似的“作弊”还有超光速旅行、多维空间、力场护盾、牵引光束等等，当然啦，也包括时间旅行。在大多数情况下，很难想象这些科技或概念可能变成现实。但时间旅行是那个引领我们发现规则的例外。爱因斯坦的相对论已经明确了：制造一台时间机器与其说是物理上的空想，不如说更多的是工程上的挑战。时间旅行是真实的，而且现在正在发生。

穿越时空，对每个人都有诱人的吸引力。谁不想穿越到过去呢？除非你在博彩业工作：如果任何人都能回过去瞟一眼中奖号码，然后回到现在下注，等待注定到手的奖金，那就不会有彩票或赌博了。但对我们其他人来说，这是一个令人神往的假设。

比如，历史和考古学有其局限性，如果能观看或参与历史上的重大事件，看看真相是什么，那就太棒了。或者，去看看活生生的恐龙在地球上行走，古生物学一定会发生翻天覆地的变化。如果有机会再次见到死去的亲人，说出从未有机会说出口的话，也会给个人带来很大的改变。我们还没说到未来呢——不管它是光明的还是黑暗的。即将到来的现实，将会是一部活生生的科幻小说，令人兴奋地向推想世界纵身一跃。

让我们越过神秘博士、布朗博士（Doc Brown,《回到未来》系列主角之一）和那些穿越时空的虚构人物，在第四维度来一次现实中的旅行吧。

布莱恩·克莱格

第1章

时间旅行，不只是虚构

任何一个实在的物体都必须向四个方向伸展：它必须有长度、宽度、高度和时间持续度。

——H.G. 威尔斯

时间旅行在小说中经常出现并不奇怪，但如果说它在现实里也是可能的，很多人也许要惊掉下巴。不过，在某种意义上，我们都在进行时间旅行。我们意识中的“现在”好像在嘀嗒嘀嗒地往前滑行，时时刻刻，夜以继日。多亏了记忆，我们还可以“回到”过去，重温另一个时间——虽然记忆现在被认为是一种心理建构（mental construct），不太精确地半重现半臆造了过去发生的事情。然而，把时间旅行描绘成这样一幅图景似乎是在作弊。这不是我们所期待的时间旅行。它有点像“坐地日行八万里”，因为地球在不断地绕着太阳运动。不过还好，这只是个开头。

这是因为真正的时间旅行——运用科学技术去一个并非“现在”的时间点的能力——是真实存在的。物理学中没有可以阻止时间旅行的定律，它背后的科学原理也已经被实验证实过很多次了。我们可以和 H.G. 威尔斯的时间旅行者一起，在不同于三个空间维度的第四个维度来一次旅行，一次时间维度上的旅行。

你经历的一切都包含着空间中的运动，可能是你的身体在动，也可能是更细小的东西，比如，如果没有光子从光源移动到你的眼睛，你什么都看不见；如果没有空气分子移动到你的肺部，你就无法呼吸；如果没有大脑内的电脉冲运动，你甚至无法思考。进一步来说，没有运动是不涉及时间推移的：没有东西可以瞬移。这个事实曾在公元前 5 世纪被古希腊哲学家芝诺（Zeno）挑战。根据芝诺和埃利亚学派（the Eleatic school）的观点，变化和运动不过是一种幻觉。芝诺用一些悖论来说明这一观点。

时间永远分岔，通向无数的未来。

——豪尔赫·路易斯·博尔赫斯（Jorge Luis Borges）

在芝诺最著名的例子中，一支箭正穿过空间飞向目标。想象一下，在某一瞬间看一眼那支箭，把它和没有移动、只是悬在空中的箭比较（我们先别管它怎么做到的），区别在哪儿呢？在那一瞬，两支箭都没有移动。我们没办法在一个特定的瞬间区分运动和静止，那又怎么能说运动是存在的呢?

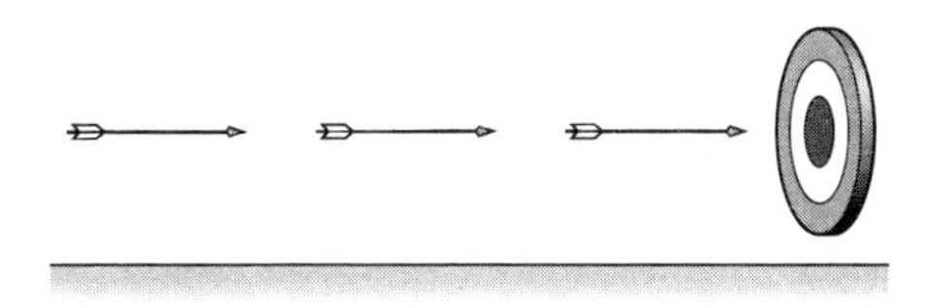

图 1—1　飞矢不动悖论

芝诺的悖论不攻自破，因为在哲学家构想出的世界以外，没有时间停滞的时刻。我们不能停止或逆转时间，不管发生了什么，时间都嘀嗒嘀嗒地流逝着。不过，这个悖论展现了对时间与空间维度的一种迷恋——它们也是时间旅行的基本组成部分。

虽然我们可以在三个空间维度中自由移动（不考虑物体和引力阻碍的话），但我们只能做梦想在第四个维度（时间）上随心所欲地移动：选择前往未来或过去而不是一直留在熟悉的现在。我们的生活都局限于现在，但这并不妨碍作家们想象从现在中跳出去的能力，以及把时间当成切实的（可以在其中运动的）第四维度。

过去、现在和未来的区别，只是一个顽固而持续的幻觉。

——爱因斯坦

最早提及时间旅行的故事都与魔法有关，与神话中到太阳或月亮一游一样，是幻想的旅行，没有科学依据。旅行者可能会被天使带到一个不同的时间点；或是被睡美人故事里尖利的纺锤刺伤后，陷入数十年不可思议的沉睡；或是像马克·吐温脑洞大开的《康州美国佬大闹亚瑟王朝》（*A Connecticut Yankee in King Arthur's Court*）中的主人公一样，因为撞到了头而穿越到了另一个时代。但在1889年，马克·吐温创作时间旅行的小说时，一个科幻的未来已经在那些创想者的头脑中勾勒出了轮廓。仅仅6年后，H.G.威尔斯的时间旅行者将成为第一批在第四维度旅行时运用了科技的人（不管它的机制是多么模糊）。

赫伯特·乔治·威尔斯

威尔斯从未正式学习过物理学，但他显然对时间的本质非常着迷。1888年，22岁的他在学生报纸《科学学校》上发表了一篇名为《阿耳戈船英雄》（*The Chronic Argonauts*）的短篇小说，其中介绍了一台使时间旅行成为可能的机器。他在 1890 年获得伦敦大学学院(UCL)动物学的外部学位。在接下来的几年里，威尔斯成为一名多产的记者，既写文章又写短篇小说。一开始，他希望出版精修过的《阿耳戈船英雄》，却于1895 年，在其基础上创作了一部更成熟的中篇小说:《时间机器》（*The Time Machine*），里面用到了类似的机械装置。它首次连载于《新评论》（*The New Review*）。他的其他著名科幻小说也接踵而至：包括《隐身人》（*The Invisible Man*）、《星际战争》（*The War of the Worlds*）、《登月先锋》（*The First Men in the Moon*）和几乎让人读不下去但影响巨大的《未来事物的形状》（*The Shape of Things to Come*）。从言情小说到非虚构，威尔斯都取得了成功。1899 年，他在《当睡者醒来时》（*The Sleeper Awakes*）中再次涉及了时间旅行，采用的是更为传统的方法：让主人公睡了 203 年。

时间旅行小说作者的工具箱

纵览科幻小说发展史，你会发现它的开端界定很模糊。有的追溯到1818年玛丽·雪莱（Mary Shelley）的《弗兰肯斯坦》（*Frankenstein*），有的追溯到1638年的《月球上的人》(*The Man in the Moone*),该书是在它的作者——赫里福德主教弗朗西斯·戈德温（Francis Godwin）——去世后出版的。其主人公多明戈·冈萨雷斯（Domingo Gonsales），被一种特殊的候鸟拖去了月球。更有甚者，追溯到了萨摩萨塔的琉善（Lucian）：一个生活在叙利亚说希腊语的罗马人。琉善的《真实的故事》（*True History*）写于公元2世纪，是对《奥德赛》的模仿，它是一部幻想小说，用一阵旋风将它的主角卷起并送上了月球。但很多人坚信，真正的科幻小说始于维多利亚时期的两位巨匠：法国的儒勒·凡尔纳（Jules Verne）和英国的H.G.威尔斯。

时间只是幻觉，午餐时间更是加倍如此。

——道格拉斯·亚当斯

凡尔纳是基于工程学写推想小说[1]，而威尔斯则是由想象力驱动的作家。凡尔纳嘲笑这种区别，他评论这个年轻后辈的作品："我运用物理学，而他凭空捏造。我写的去月球的方法是由一门大炮射出的炮弹载着，这不是无依无据的捏造，而他写去火星则用了飞船，一种用不遵循引力定律的金属建造的飞船。"姑且不说凡尔纳将威尔斯的两部小说——提及火星的《星际战争》和有虚构的反引力金属的《登月先锋》混为一谈。他的这段发言恰恰揭示出，那时科幻小说已经不只有一种了，其中一部分小说更注重推想。

不过，凡尔纳和威尔斯的关注点之间的区别，其实并不像凡尔纳所说的那样泾渭分明。凡尔纳可能更注重工程学上的可能性，但如果实际操作，太空炮的加速度会把航天员压成肉酱。威尔斯确实用了些空想出来的概念，比如他的神秘金属，但他引入这些概念之后，就严格遵守我们熟知的物理定律了。如此这般，威尔斯预先奠定了"硬"科幻应尽可能遵循物理定律的创作原则，可以少量使用一些尚且不知道如何能成为现实的假想。最常见的例子也许是超光速旅行，穿行到其他的星球。同样的还有时间旅

1. speculative fiction，代表"想象现实中所没有的东西"的小说类别，可以包括科幻、玄幻和恐怖。

行，我们曾提到过时间旅行的概念是威尔斯开创的，他陶醉于这种的可能性。

时间旅行的机制和带来的结果有很多种，虚构小说会继续对其进行探索。正如我们所看到的，有些小说用延长睡眠时间来穿越到未来，而魔法一般的手段也一直在一些小说中被使用，比如奥德丽·尼芬格（Audrey Niff enegger）的《时间旅行者的妻子》（*The Time Traveller's Wife*）。但威尔斯彻底改变了时间旅行，将它从一种虚无缥缈的游览，变成了利用科学技术进行的探索。他的小说书名中，最重要的一个词其实是“机器”。

威尔斯利用《时间机器》探讨了当时他批判的社会分化问题在未来是如何变得更严重的。受到威尔斯启发的后人，在作品中从时间技术中衍生出新的可能性。小说中的时间旅行可能涉及时间回溯引发的两条或多条时间线的纠葛。在形成时间循环的地方，可能会出现悖论，打破熟悉的因果关系。比如，有让人难以理解的“引导悖论”，也叫“鞋带悖论”（bootstrap paradoxes）[2]，时间旅行会让一些事物从不存在的事物中产生出来。也有所谓的“蝴蝶效应”（butterfly effect）的危险，即过去

2. 指由于某物体、人或信息穿越回过去而造成它“源起”的消失所引发的悖论。

的一个小变化导致了未来的重大改变。而且，两个不同时代的人相遇总是十分奇妙，还会带来文化的碰撞。比如在维多利亚时代出现了 21 世纪的科技，谁能抵抗对小说后续内容的好奇呢？

五个精彩的时间旅行小说

● 895 ｜《时间机器》｜ H.G. 威尔斯

威尔斯的时间旅行者访问了公元 802701 年，那里的社会分裂成优雅的埃洛伊文明和凶残的莫洛克文明，离地球的衰亡毁灭还有 3 亿年的时间。

● 1952 ｜《雷声》（*A Sound of Thunder*）｜雷·布拉德伯里（Ray Bradbury）

在这部短篇小说中，猎人们穿越回恐龙灭绝之前猎杀它们。由于蝴蝶效应，未来发生了不可挽回的变化。

● 1955 ｜《永恒的终结》（*The End of Eternity*）｜艾萨克·阿西莫夫

以“时间警察”为主角的代表性小说，他们的工作是保护时间线不被扭曲，但由于政治博弈、人性以及对时间的操纵，最终时间警察的组织不复存在。

● 1959 | 《你们这些傻瓜》(*All You Zombies*) | 罗伯特·海因莱因（Robert Heinlein）

最为扭曲的引导悖论，一个人同时是故事里的每一个主要人物，包括主人公的父母。

● 2012 | 《环形使者》（*Looper*） | 莱恩·约翰逊（Rian Johnson）

刺客们被送回过去，杀死了未来的自己。小说的特色是时间线的千变万化和虚构故事中最科学的时间旅行技术。

威尔斯在《时间机器》中，让时间旅行者提出了“时间是第四个物理维度”的观点。十年后，当爱因斯坦带着他的狭义相对论登场时，这个观点变得更加重要。相对论将为时间旅行提供全部的科学基础，让时间旅行不再只有沉睡才能前往未来。人们很容易将爱因斯坦视为相对论的鼻祖，虽然他们之间确实关联紧密，但实际上，相对论是一个更古老的概念。伽利略在早于爱因斯坦近三百年就已经为相对论奠定了基础。

图 1—2　威尔斯的时间机器

一切都是相对的

相对论产生于对运动本质的理解。读到此处时，你是运动的吗？你的回答可能取决于所处的位置：如果你坐在家里的椅子上，那就不是。如果你在坐火车或飞机旅行，那就是的。但这么说的时候，你是被近处存在的一个庞然大物——地球误导了。你想表达的实质是你相对于地球是（或不是）正在移动的。但请记住，你正和地球一起，以 10 万千米 / 时左右的速度绕着太阳的轨道飞驰，而地球正和太阳一起，以更快的 80 万千米 / 时的速度绕着银河系飞行。你是否在运动，完全取决于你以什么为参照物——可能是你主观认为固定在原地的东西。

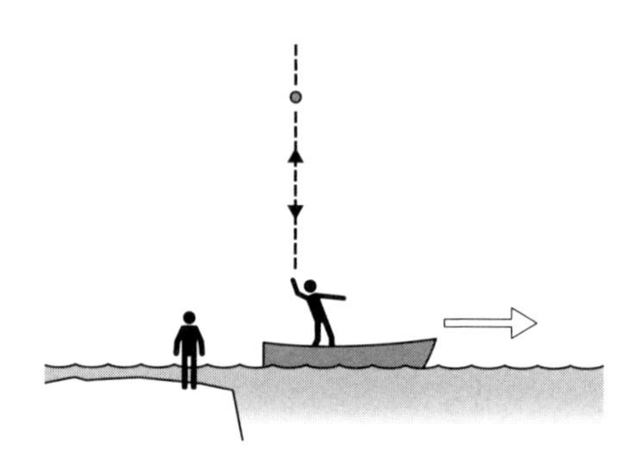

图 1—3　伽利略的船舱实验

这也是伽利略所意识到的。宇宙里没有固定不动、可以为所有的运动提供参照的坐标方格。我们必须确定物理学家所说的“参考系”，以此来测量运动。伽利略向我们展示，一个物体在一艘稳定移动的船上被向上抛出，仍然会直直地落回原处。事实上，如果这艘船没有窗户，就无法确定它在移动。相对于船来说，运动并没有发生。将近一百年后，牛顿在他的运动定律中，用到了伽利略的相对性理论的某些方面。不过，尽管如此，直到 19 世纪末，时间和空间的非绝对性才得到充分的认识，并最终结出了爱因斯坦的狭义相对论这颗果实。

从此以后，孤立的空间和孤立的时间都注定要消失成为影子。

——赫尔曼·闵可夫斯基（Hermann Minkowski）

爱因斯坦的革命性理论在伽利略相对论的基础上，增加了一个额外的因素。与前人不同，爱因斯坦知道“光”并不像看上去那么简单。爱因斯坦所钦佩的维多利亚时代的苏格兰物理学家詹姆斯·克拉克·麦克斯韦（James Clerk Maxwell）曾认定，光是电和磁之间的相互作用，在任何特定的环境中，只能以特定的速度发生。光的速度不会因运动而改变。与其他事物不同，光的速度不是相对的。正向或背向一束光运动，光在真空中仍然以30 万千米 / 秒的速度奔驰而来（在空气中会慢一点）。随着对相对论这一点微小但十分重要的补充，爱因斯坦发现时间和空间已然交织在一起。空间中的运动对时间的流动有影响。这就是操控看似稳定地流逝着的时间的关键。

虽然爱因斯坦在发展他的理论时，关注的是建立对现实本质的理解，而不是创造什么东西，但他还是通过探索时间和空间的关系，打开了通往时间旅行的大门。几年后，爱因斯坦在发展他的广义理论（它包含加速度和引力这两个方面）时又回到了相对论。这将为牛顿时代留下的未解之谜，即引力如何让距离甚远的一个物体影响另一个物体提供一个答案。牛顿的批评者们抓住这个疑点，说牛顿的理论是“玄学”。广义相对论还提供了让时间旅行成为现实的最后一块拼图。同时，爱因斯坦的理论也给威尔斯之后的小说创作者带来了新的动力。科幻小说有了另一种新的可供探索的现实可能性。

我们以为自己知道时间是什么，因为它可以被测量。但一旦开始思考时间，它就马上成了一种幻觉。

——罗伯特·麦克里弗（Robert Maciver）

时间旅行小说既有趣又有信息量。在物理学家有能力通过实验验证爱因斯坦的相对论所提出的可能性之前，科幻小说作家就已经能够探索时间旅行的意义和悖论了。但如今，时间旅行故事已不再只是虚构了。从爱因斯坦打开真正的时间旅行之门开始，就没有回头路可走，第四维度向我们开放了。时间旅行在物理上是可能的——自从爱因斯坦坐在他伯尔尼瑞士专利局的办公桌前想出他的理论以来，它已经被多次证实了。

但我们先别急着同意他，心急吃不了豆腐。时间是个难以定义的家伙。如果不首先弄清时间的本质，就开始考虑时间旅行的可能性，肯定为时过早。

第2章 如何理解时间

你说，时间流逝？错啦！唉！时间停驻，人们老去。

——亨利·奥斯汀·德布森
(Henry Austin Dobson)

“时间”是我们无“时”无刻不在使用的一个词，根据牛津词典网站的数据，在现代书面英语中，“时间”这个词在使用频繁程度上排第五十五位。这已经很惊人了，但如果单看名词，它是最常使用的名词，你一定更惊讶吧。

毫无疑问，人们总是摆脱不了时间。我们的智能手机、电脑、手表等等能让我们注意到每一分钟的流逝。这些科技好像在暗示表是一种现代人才关注的事物，但机械钟早在 13 世纪末就已经出现了。在此之前，人们还在使用水钟和日晷，或只是仅仅靠太阳在天空中的移动来提醒时间变化。也许，来自公元 5 世纪的主教——希波的圣奥古斯丁（St Augustine of Hippo）对人们长久以来痴迷于时间的陈述最令人印象深刻。他说：

什么是时间？谁能简单明了地给一个解释？在口头解释前，谁能在思想层面先理解它呢？然而，在我们熟悉的日常对话里，除了时间，我们还谈论了些什么呢？当然，在我们说它的时候，我们肯定知道自己是什么意思。在别人说它时，我们也能理解。那么，什么是时间呢？假如没有人问我，我肯定知道。如果要我解释，那就不清楚了。

希波是位于北非的一座罗马城市，即如今阿尔及利亚的安纳巴。奥古斯丁的文字写于公元 400 年左右。我们可能以为当时人们对时间的看法更随意，不过，奥古斯丁认为，时间是人们谈话中频繁提及的话题，这倒是很有趣。他对时间性质的分析也极为巧妙。我们都知道自己所说的“时间”是什么意思，但要跟别人解释什么是时间几乎是不可能的。

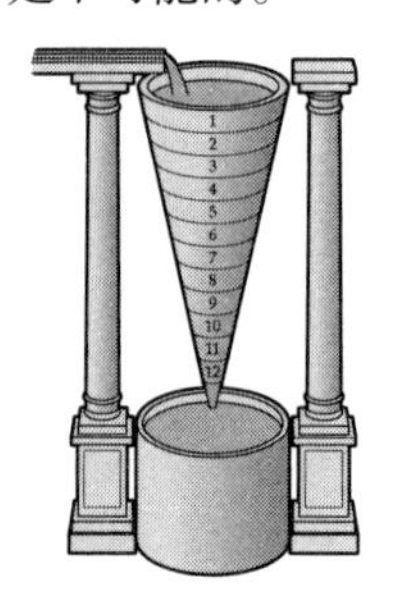

图 2—1　水钟

希波的奥古斯丁论时间

奥古斯丁出生于现阿尔及利亚的安纳巴海港，他在《忏悔录》中写到了时间，这是一部神学作品，但他也在其中探讨了他的过往以及现实的本质。在《忏悔录》中，奥古斯丁指出，时间“趋向于非存在”，指的是我们只能真正体验到“此刻”，而不是更广阔的时间，这使人感觉它只是一个方向，而不是一个真正的维度（这一点与“时间之箭”的概念相呼应）。

除了关于“难以确定时间是什么”的复杂观察之外，奥古斯丁还指出，如果未来或过去与现在分开存在、实际上是可以到达的目的地，那这两个“地方”究竟在哪里也是不清楚的。如果我们真的去到了那里（这是作者说的，奥古斯丁并没有这么讲），那它们就成了“现在”而不再是“过去”或者“未来”。我们的存在本身定义了什么是“现在”。

时间是什么？

在确定时间的本质时，我们面对的是与生物学家定义“生命是什么”时类似的问题。他们可以提出一系列特征，如获取营养或繁殖，这些特征是大多数或所有生物共有的。要说清生命是什么，是极其困难的。而时间，正如奥古斯丁生动表述的那样，也是如此。

从古时候的主教到现代物理学家，对于时间本质的研究也没怎么进步。尽管你可以找到很多讲时间的热销科学类书籍：比如斯蒂芬·霍金（Stephen Hawking）的《时间简史》（*A Brief History of Time*）、李·斯莫林（Lee Smolin）的《时间重生》（*Time Reborn*）等，但它们大多绕开了回答时间是什么，而只是探讨时间和空间的关系。即使卡洛·罗韦利（Carlo Rovelli）的《时间的秩序》（*The Order of Time*）真的在尝试揭示时间的本质，也只能以一种间接的、诗意的方式，而且自相矛盾：经常告诉我们“时间并不存在”（这一点我们后面会再讨论），同时又在说“时间和空间是真实存在的现象”。

我们栖居于时间之中，就如鱼在水中。我们的存在，就是在时间中存在。

——卡洛·罗韦利（Carlo Rovelli）

虽然无法太过精确地定义时间，但我们可以确认它的三种作用。先从威尔斯把时间描述为第四维度开始。想象空间的三个维度与第四维度两两之间成直角。这可能有点吃力。但我们可以做一些简化，可以省略一个维度，哦不，省略两个维度更好，现在就只剩下两个维度了，一个空间维度，一个时间维度。让我们将空间作为水平维度，时间作为垂直维度。

现在我们可以在一个简易的图表上标记一个物体在空间和时间上的位置了，这个图表被称为闵可夫斯基图（Minkowski diagram）。在这幅维度图中，一个没有移动的实体（相对于任意参考系，如地球）将简单地用一条直穿时间维度的线来表示。我们有确定地球表面的某个位置的机制——经纬度——一对让我们能够定位的数字。时间的三个作用中的第一个，就是为我们提供了时间维度上的“定位器”，即所谓的坐标系：确定你的确切位置的一种方法，不过在这里确定的是你在时间中的位置。

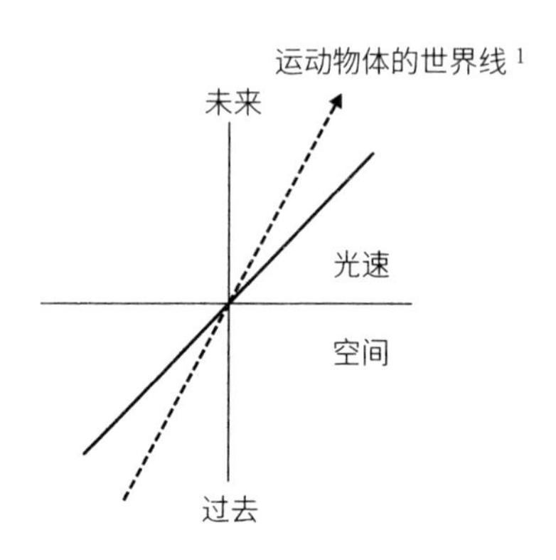

图 2—2　闵可夫斯基图

一旦可以确定位置，你就可以做更多的事——这引出了时间的第二个作用。在空间中，如果你选定了两个位置，你就可以算出它们之间的距离。同样，给出时间维度中的两个点，你也可以算出一个时间的“距离”：做某件事需要多久，或者，你需要等待多长时间才能等到未来的某个事件发生，比如，你的下一个生日。

时间阻止着一切事物同时发生。

——雷·卡明斯（Ray Cummings）

1. World line，物体在四维时空中的运动轨迹即为世界线。

在我写到这里的时候，我的电脑时钟显示，现在是公元 2020 年 4 月 27 日上午 11 时 08 分。恰恰是时间的第一个和第二个作用使得这个表述是有效的。它给出了我在时间轴上的位置，但这个坐标的“标签”却是完全任意的。这个日期也可以是回历 1441 年斋月 4 日，或是希伯来历的 5780 年以珥月 3 日。虽然我所在的英国的时间是 11：08，但在美国可能是 00：08 到 06：08，在澳大利亚可能是 17：08 到 21：08，在尼泊尔可能是 16：53，那里和其他地区之间的时差并不是整数小时。

这些时间或日期都不能用正确或错误来形容。它们都反映了这样一个现实：我们测定的时间坐标不是一个绝对值，而是时间维度上的一个相对位置。利用时间的第二个作用，我们先设置一个历史上的关键点，然后根据从那个点之后时间持续的长度，来测量现在是什么时间。这样来看，时间就是时钟所测量出来的东西。在二维时空图上，就是测量一个点到我们任意选取的那个轴线交叉的点在时间轴上的距离[2]。

计算机也做类似的事情，它通常将时间存储为 1900 年 1 月 1 日以来的秒数。如果你有一定年纪，就会记得 1999 年的“千

2. 无论是时钟，还是“任意选取的那个轴线交叉的点”，都是按照我们选取的一个“标准”来测定时间的。

年虫恐慌”，那时人们担心一些计算机程序可能没有考虑到2000年之后还会被使用，所以只给记录时间留了很小的存储空间，人们以为存储空间会不够并导致计算机崩溃。但实际上，这样的问题几乎没有发生，这是一个例子，提示我们时间坐标的任意性可能具有干扰真实世界的风险。

时间流逝吗？

时间的第三个作用是在它前进并流逝的特征中显露的。我们诗意地将它称为“时间之河”或“时间之箭”。过去在身后，未来在前方。我们有一种在时间中不断运动的感觉，虽然现实中我们所经历的只是“现在”的那一刻。实际上，我们体验到时间的流动，就像乘汽车在旅行途中从后窗向外看一样。我们并没有真正体验到运动本身。相对于汽车，我们并没有移动。但外部世界流过，不断增加我们记忆中“过去”的时刻。

一些物理学家认为这种“穿过”时间的运动只是一种基于主观感受捏造出来的概念。别的不说，这种运动首先已经触犯了物理学家的常识性观念：只有能够被测量的事物才有意义（对物理学来说）。我们似乎以“每秒移动一秒”的速度在时间中运动——但稍作思考，就会发现这是一个没有意义的概念。对于一些物理学家来说，更清晰的形象是所谓的块状宇宙[3]（the block universe）。我们先回顾一下，我们将一个物体（比如说你）的存在表示为时空图上的一条线。如果真的有流动的时间，则你的存在应该被看成是在那张图上一个移动的点，在时间轴上稳定地向上移动。但在块状宇宙中，是没有（时间）运动的。拿地球和月球来说，它们会通过时间延展成连续的物体。

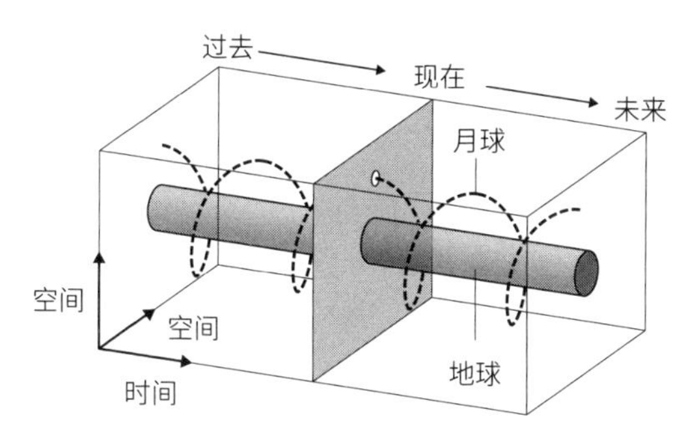

图 2—3　块状宇宙理论图

当（某些）物理学家说“没有时间这回事”时，他们指的是“时

3. 块状宇宙理论认为，宇宙就像一个盒子一样，其中一个维度是时间，从盒子外面看，在时间中运动的物体的轨迹（或说形状）清晰可见。换一种比喻，时间的一刻就像活页本里面的一页纸。

间流动”这个概念。让他们饿一会儿，他们就会变得和普通人一样坚信“吃饭时间”里有时间存在，而且它就是立刻、马上！但他们会否认从吃饱喝足到再次感到饿之间有任何形式的（时间）运动。我们可以由此看出，时间的流动对大多数物理过程来说，并不是十分重要。

回到昨天毫无用处，因为那时候的我不同于现在的我。

——刘易斯·卡罗尔（Lewis Carroll）

比如说，想一想两艘飞船之间的碰撞。我们可以在脑海中想象出一段影像：两艘飞船相向而行、碰撞、被冲击弹走，直到回到原点。如果飞船能够互相弹开而不发生任何变形，那么，用物理学家的话来说，结果就是可逆的。你可以把影像倒放，看起来不会有任何差别。

我必须用这样一个假想的例子来进行说明，因为现实很少像物理学中的举例一样，物理学常常需要极度简化（一个物理学简化的出名反例是“让我们假设牛是一个球体”）。现实中，物体碰撞后不可能没有形变，所以碰撞前后的飞船一定是不同的。碰撞会产生一些热量，所以两艘飞船弹走的速度会比碰撞时的速度略低一些，它们的一部分动能在产生热量时被损耗掉了。而且，地球上的实际情况还有摩擦和引力效应，它们可能会扰乱这个实验的对称性（这就是为什么我举在太空中的例子）。

所以，不管那些物理学家怎么说，现实中时间似乎确实在朝一个方向流动，我们可以有理有据地把它想象成一种“流动”。这种说法的基础是似乎和它没什么关系的“热力学第二定律”（Second law of thermodynamics）。

第二定律与时间之箭

注意，在太空碰撞这个最理想的例子中，仍然会有热量产生。第二定律大体上指出：从统计学上讲，事物会随着时间的推移而变得更加无序。这就是为什么打碎一块玻璃比让它恢复原样容易得多。实验证明，产生热量就意味着原子的移动量增加，从而增加了无序性。

其结果就是通常所说的“时间之箭”。英国物理学家亚瑟·爱丁顿（Arthur Eddington）提出：热力学第二定律指明了时间维度上的一个特定方向，为事物提供了自然秩序。现实中，虽然在简化的物理模型里，事物是可逆的，但在真实的时间中却不能。所以，尽管块状宇宙理论可能是表现空间和时间关系的最佳方式，但我们必须承认，它至少嵌着一个标记着“此方向通往未来”的箭头。虽说“时间流逝”这种表述很主观，却是描述正在发生之事的最好说法。

热力学定律

热力学定律是物理学的核心支柱之一。虽然热力学定律最初是为了描述蒸汽机或其他以热为基础的科技中的热量流动而发展起来的，但它远比这要重要，而且有不止一种思考和应用的方式。

定律	阐述	替换阐述
第零定律（Zeroth law）	如果两个物体之间的热量能流动而没有流动，则两个物体处于平衡状态	如果两个系统与第三个系统处于平衡状态，它们两者之间就也处于平衡状态
第一定律	热量在一个封闭系统中保持不变	系统中的能量变化与所做的功和交换的热量相匹配
第二定律	封闭系统中，热量从较热的部分流向较冷的部分	封闭系统中，熵保持不变或增加
第三定律	物体无法达到绝对零度（absolute zero）	当温度接近绝对零度时，系统的熵接近零

我使用“时间之箭”这种说法，以说明时间“单向性”的特质，空间中没有任何跟它类似的事物。

——亚瑟·爱丁顿

时间好像在以很多种不同的方式流逝，这为“时间流逝是主观的”提供了证据。我们大多数人都知道这种感觉，当我们还是孩子时，时间似乎过得非常慢，有时慢得让人痛苦。那时我们很容易感到无聊。不过随着年龄增长，我们感觉时间变快了。同样，在一段时间内，我们所做的事情也会强烈影响时间流逝的感受。比如，如果你觉得一部电影枯燥乏味，它就好像没完没了、会永远持续下去，但如果故事真正吸引了你，那可能当你反应过来时，几个小时已经没了。

爱因斯坦曾宣称他进行过一项关于时间流逝的实验。该实验在默片明星宝莲·高黛（Paulette Goddard）的帮助下进行，她通过他们的共同好友卓别林的介绍，从而结识爱因斯坦。爱因斯坦在一篇论文摘要中总结了这个“实验”：当一个男人和一个漂亮女孩坐在一起一个小时，那感觉就像只过了一分钟。但让他在热炉子上坐一分钟，那会比任何一个小时都要长。这就是相对论。

我们不用钟表上的秒针来计量时间，我们用自己的体验来衡量。时间可以冗长，也可以飞逝。

——艾妮莎·拉米雷斯（Ainissa Ramirez）

实际上，这篇传说中的论文并不存在，爱因斯坦在他的工作生涯中从未进行过实验（虽然他可能确实与宝莲·高黛共度了时光）。容易被忽略的是，他所声称的发表那篇（不存在的）论文的刊物，根据其首字母的缩写，可以组合出这样一些有含义的单词：《放热科学与技术杂志》（*Journal of Exothermic Science and Technology*）。爱因斯坦引出相对论的那句话只是一句玩笑，不是科学的说法。他的相对论会提供客观的时间旅行的机制，而不只是主观的感觉。话虽这么说，我们对时间流动的体验确实是非常个人化的。

除去上面所说的那些，这种表面上的流逝感并不是连续的。我们对时间流逝的感知有时会忽然发生跳跃，而不是在时间维度上平滑地一点一点前进。每天晚上（除去失眠），我们都会从一个时间点跳到另一个时间点，而不会感受到其间的时间。这让我们理解了最直接可用的时间旅行形式（虽然有很明显的风险）：通过在合适的一段时间里停止你的意识，就能跳跃到未来。

第3章 如何成为冷冻人

在这个例子中，我希望可以做到将溺水的人做防腐保存，使他们不论过多久、在任何时候都能被复活……比起普通的死亡，我可能更喜欢被浸泡在一桶马德拉酒里。

——本杰明·富兰克林（Benjamin Franklin）

在美国密歇根州克林顿镇埃塞尔福特高速公路旁的一个工业区里，有一幢外观简陋的建筑，招牌显示它是人体冷冻研究所（Cryonics Institute）[1]。建筑里面有一排排的 3 米高的圆柱体，它们被称为“冷冻器”（cryostats）。每个圆柱体都是一个巨大的真空瓶，最多可容纳 6 具尸体，它们被保存在 -196℃的液氮中。像这样的冷冻设施是最基础的一种时间旅行的尝试。我们都在一点点向着未来前行，不费力的时间旅行的关键就是在主观感受上更快地到达未来。

正如上一章提到的，我们睡觉时都会这样。大多数的夜晚，我们都会向前跳跃几个小时，只能意识到自己做了梦。陷入昏迷的

1. 美国一家提供冷冻延长寿命技术的非营利机构。

人也会如此跳跃到几个月之后。从无意识中清醒过来、下地走路的时候，我们确实穿越了时间，但我们也变老了。为使这种穿越的机制真正有价值，时间旅行者必须找到防止肉体渐渐衰老的办法。

那些安排在死后尽快将自己的尸体低温储存的人是在赌，未来的某一天，科学家将有能力使他们复生，同时保持记忆和意识不被损坏。他们肯定也希望存储他们尸体的公司可以一直不倒闭，直到研发出这种技术。很多人选择了全身存储，还有人则选了更便宜的方式（因为占用较少空间），只储存头部，因为他们认为未来也会实现人造身体。

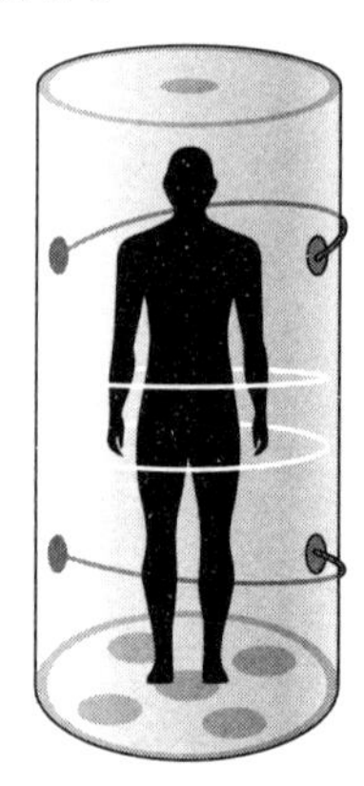

图 3—1　人体冷冻器

本杰明·富兰克林说他想泡在一桶马德拉酒中，是因为：他宣称看到了三只在一瓶马德拉酒中被泡了几个月的苍蝇，在晒干后又恢复了生命。富兰克林说的苍蝇听起来不太现实，但我们确实知道有一种叫“缓步动物”（tardigrades）的小生物被晒干后依然可以存活，而且还能复活到正常状态。

图 3—2　缓步动物

缓步动物，也叫作“水熊虫”[2]，是很小的、像昆虫一样的动物，长约 2 毫米。它们极其顽强，有很强的环境适应性，甚至可以在真空中存活数天。进入脱水状态后，它们可以在数年之后复活。水熊虫的存在无疑说明，当处在适当的保护下，细胞能够在不适合生命的环境中存活，这是由于它们特殊的内部结构。不过，水熊虫的这种状态并非死亡，实际上，它们处于一种不会表现出大

2. 第一种已知可在太空中生存的生物，2019 年以色列“创世记号”登陆月球失败，数以千计的水熊虫被散布到月球表面。这种生物具有四种隐生性，即低湿隐生（Anhydrobiosis）、低温隐生（Cryobiosis）、变渗隐生（Osmobiosis）及缺氧隐生（Anoxybiosis），能够在恶劣环境下停止所有新陈代谢。

部分正常生命迹象的极端睡眠状态。

在睡眠中穿越到未来

1819 年，美国作家华盛顿 · 欧文（Washington Irving）（当时住在英国中部城市伯明翰）发表他的短篇小说《瑞普 · 凡 · 温克尔》（*Rip Van Winkle*）时，将睡眠作为到达未来的工具的想法已不新鲜。许多神话和传说中，某个人会被引诱去到陌生的土地，在那里，时间的流逝不同于凡间，或者，一群人会陷入到魔法般的睡眠中，被关在某个秘密地点直到被召唤。一个很好的例子是柴郡阿尔德利角 (Alderley Edge) 的传说，据说那里沉眠着一些骑士和他们的战马，有时会和亚瑟王的传说联系起来。他们会一直沉睡，直到英格兰陷入危机并迫不及待地需要他们的时候。

我们熟悉的童话故事《睡美人》中也暗示了这种通过睡眠穿越到未来的旅行，故事中的主人公据说已经沉睡了一百年（不同版本会有差异）。虽说这个传统故事至少可以追溯到公元 14 世纪，但是主人公在未来醒来的故事情节并没有受到什么关注。不过可以想象，中世纪的社会鲜有什么变化，当睡美人醒来的时候，除了她认识的人的变化之外，她能体验到的事物少有发生改变的。而对于睡觉的人来说，除了做梦以外，当她清醒过来，并恢复意识时，其实会有一个瞬时的飞跃。

这是多么复杂而难懂的事情啊！多亏了这副人形的皮囊！有谁能够对自我重建的过程进行一番准确的描述……

——H.G. 威尔斯

从威尔斯的《昏睡百年》（*When the Sleeper Wakes*）开始，科幻小说也会利用睡眠这种方法来抵达未来。这部小说写于 1899 年，而后于 1910 年被修订为《当睡者醒来时》。那时，威尔斯早年在《时间机器》中侧重展现的技术和社会变革的可能性，已经比工业革命之前明显得多。不过，威尔斯笔下的主人公格雷厄姆，仍然是通过偶然陷入昏迷这种方式穿越到未来世界的，他在 1897 年开始昏迷，直到 2100 年才苏醒过来。直到后来才有人想到，也可以把一个人有目的地进行人工休眠（suspended animation），以度过岁月而不变老。

虚构故事中的五个靠睡眠进行时间旅行的人			
14 世纪左右	《睡美人》	传统故事	公主被有毒的纺锤刺到，陷入睡眠，直到被王子亲吻唤醒
1819	《瑞普·凡·温克尔》	华盛顿·欧文	书名里的那位温克尔喝了神奇的酒后，沉睡了二十年
1899	《当睡者醒来时》	H.G. 威尔斯	主人公服用失眠药过量，昏迷了 203 年
1931	《詹姆士卫星》（*The Jameson Satellite*）	尼尔·R. 琼斯（Neil R.Jones）	一名教授的尸体被冷冻，直到他在数百万年之后被复活
1998	《第一个不朽者》（*The First Immortal*）	詹姆斯·L. 霍尔珀林（James L.Halperin）	一名死于 1988 年的男子被冷冻器保存，之后被复活并改造成可以永生的人

在科幻小说中，这种方法经常用来进行原本不切实际的漫长的太空旅行。比如，在 1968 年的经典电影《2001：太空漫游》（*2001: A Space Odyssey*）中，三名船员在乘“发现一号”前往木星的途中，被冷冻至休眠状态。但至少到目前为止，现实中的远距离载人太空旅行还是没影的事儿呢，而人体冷冻技术的发展

是基于在死亡时保存身体的理念，希望未来的社会既能使个体复活，又能治愈导致该个体死亡的疾病。

冷冻，直至万事俱备

这个理念在 20 世纪的小说中渐渐风靡起来。比如，1931 年尼尔·R. 琼斯的短篇小说《詹姆士卫星》，故事中一位教授被复活前，尸体在星球轨道上被冰冻了数百万年。这个故事似乎启发了美国物理学教师罗伯特·艾丁格（Robert Ettinger），他于 1962 年写作非虚构小说《永生的期盼》（*The Prospect of Immortality*）。从他四十多岁写这本书开始，一直到 2011 年去世（当然，进行了冷冻保存），艾丁格一直倡导这样一种观点：如果科技足够先进，尸体会被充分地保存以便在日后复活，他认为，到那时，人的永生就是可能的（这本书的书名由此而来）。

冷冻技术一直横亘在科学和科幻之间。它起源自外行人，就像笔记本电脑起源于狂热的车库发明家的实验。曾由一名电视维修工管理的加利福尼亚人体冷冻协会（the Cryonics Society of California）是最早运用人体冷冻技术的组织之一，它在管理（保存尸体的）溶液上遇到了问题。该协会将几具尸体放在同一个容器中，当其中两个系统出现故障时，他们永远失去了 9 名购买了这项服务的人。早期，人们对在低温下保存人体组织并使其不受损伤的机制知之甚少。

虽然没人能确保人体冷冻技术成功的概率，但我估计，可能性至少在 90%。

——阿瑟 C. 克拉克（Arthur C.Clarke）

现代人体冷冻技术机构，比如美国的人体冷冻研究所和亚利桑那州的阿尔科公司（Alcor），把这项技术推进了一两代。虽然冷冻储存环境本身没有多大改变，但给尸体做的准备工作有更大的概率保持细胞完好，即使那些使你依然是独一无二的你的电化学程序能否在这个过程中保存下来，仍是一个疑问，但至少在原则上，复活一个被保存的个体是可能的。冷冻保存的过程包括用细胞保护剂（cyroprotectant）替换血液，它可以防止致命的冰晶的形成。如果不作处理直接冷冻，冰晶就会破坏细胞的完整性。

如今采用的程序被称为玻璃化（vitrification）。冷冻保存的倡导者将玻璃化和冷冻区分开来,因为前者减少了结晶的可能性(Vitreous意为玻璃状,而玻璃是一种不含结晶的非晶态固体)。用以储存的介质仍然会被超低温凝固,但比水这种介质的破坏性要小。如果玻璃化操作正确的话,人体的细胞应该会变成玻璃状的固体结构。

这种工艺用于人类卵子和胚胎的保存，在器官捐献方面也很有吸引力。目前捐献的器官只能被保存较短的时间，但经过玻璃化处理的器官可以被保存数月，直到它被使用。玻璃化已经用兔子的肾做过实验，结果证明可行，但目前还无法实施在人体器官上。而且，人脑有比其他身体器官更复杂的结构，因此复活的可能性有多大仍值得怀疑。

有人在吗?

人被冷冻储存后真能复活的可能性还存在争议。神经科学家迈克尔·亨德里克斯（Michael Hendricks）认为，这项技术根本无法实现它承诺的目标。他的观点得到了许多主流科学家的赞同。亨德里克斯指出，你的意识不仅仅跟你大脑的物理结构有关，处于持续变化状态的电化学连接也很重要，而它几乎不可能保存在死亡的脑细胞中。

阿尔科等公司的代表抗议说，他们不是在储存死人。更先进的冷冻设施在降低温度前，仍使用生命支持系统来维持身体的存活——这些个体在医学上已经无力回天了。人体冷冻机构声称，他们在死亡过程变得不可逆转之前将它暂停。然而，这给人一种狡辩的感觉。事实就是被玻璃化的身体（或脑袋）已经不是活着的了，他们可能确实是在还有生命体征时被玻璃化的，但被玻璃化后的遗体没有任何生命体征。阿尔科网站上的“神秘人体冷冻学”（Cryonics Myths）版块这样写道：“人体冷冻学的理念不是死人可以复生，它的理念是‘在大脑的记忆信息（information content）丢失之前，人不是真正地死了’，并且认为冷冻可以防止这些记忆信息的丢失。”虽然这种理念的前半部分有潜在的科学依据，但后半部分——低温可以防止大脑记忆信息的流失——却没有证据支持。这是一个愿望，而不是科学事实。

那些把自己冷冻起来等待在未来苏醒的人，会假设他们自己是未来社会的贡献者，未来的人也需要他们。

——约翰·鲍斯特（John Baust）

联合国教科文组织，生物科学教授

使用这种方法进行时间旅行必须面对的另一个问题是，它对未来寄予了相当大的信任，无论是在经济方面还是在道德方面。这不仅仅是让冷冻储存的身体恢复生命和意识的技术问题。存储身体的产业还必须在未来的几百年里仍然有经济上的可盈利性。即使这一项没问题，未来的人们也得有复活被储存的身体的动机。在威尔斯的《当睡者醒来时》中，沉睡者是独一无二的神秘人，被视为人类的拯救者。

我们必须要问，除了带他参加一次畸形秀（freak show）之外，未来社会对复活一个来自过去的人会有多大的兴趣？想象一下，假如我们有办法复活来自都铎时代的人，这当然会很吸引人，我们也想这么做，但如果有成百上千的人来自几百年前，他们能够顺利融入现代社会吗？除了带来一点新鲜感之外，他们能因何而为人所用呢？没有一个可以一锤定音的答案。更何况，如果像艾丁格所设想的那样，未来的技术意味着人们将长生不老，那么，未来人类是否会愿意让这些老古董加入那个已经很拥挤的世界呢？

阿尔科公司认为，这种观点——人类没有内在价值，只能根据是否对社会有贡献或是否被别人需要来决定他们的价值——在伦理上是有问题的。这话也许有点道理，不过，如果我们要尝试伦理探讨的话，假如这种观点成立，那拯救发展中国家每年死去的几百万儿童就会变得简单很多。看看美国或欧盟阻止移民越境，你就明白了。如果我们认为“难民”越过时间的边界穿越到未来时，情况就会有所不同，那恐怕不太现实。

目前，人体冷冻储存仍是一个少数人关心的话题。设施通常存储不到一百人，即使阿尔科是此领域中最大的公司，也只有不到两百名客户进行了全身储存或者较便宜的头部储存。不过，显然有几千名客户已经签了未来的储存合同。这是一条成功概率很低的通往未来之路。

上传至未来

如果说冷冻这一程序听起来太过可怕或者成功概率太低，那还有人将穿越到未来寄希望于通过上传——将大脑结构的副本存储在电脑上。虽然现在这还不可能，但计算机技术仍在以指数级的速度发展。在未来，即使生物原体在现实中仍会死亡，但精神人格有可能在电子媒介中继续存在。一旦上传，时间旅行就很容易，只需简单地在所需的时间段中暂停意识就可以了。

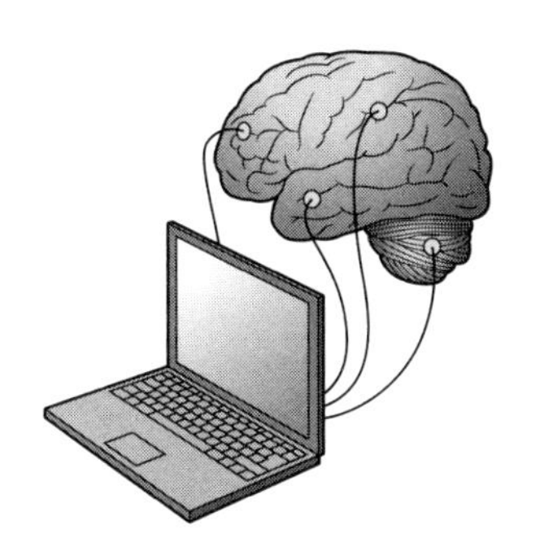

图 3—3　上传大脑

然而，神经科学家迈克尔·亨德里克斯对这个想法的怀疑程度不亚于他对冷冻储存的怀疑。他指出，他的主要研究对象是秀丽隐杆线虫（Caenorhabditis elegans），这是一种小型蠕虫，其整个神经元网络是在该领域中被研究得最彻底的一种结构。然而，即便完整地模拟了该蠕虫的 302 个神经元，也无法获取它“大脑”运作所需的信息。有机体的运行能力要远远超过神经结构所展示的那些。

将这种复杂性乘以 25 亿倍，你就能看到上传所面临的一些问题。况且，在现实中，事情会更加复杂，因为大脑功能的一些基本方面不仅来自单个神经元，还来自它们之间的连接网络——每个神经元可以连接数百个其他神经元。在人类身上，大脑中主要负责我们有意识的思维部分——大脑皮层（cerebral cortex），是极其复杂的，甚至可以说是异乎寻常的复杂。举例来说，虽然大象的大脑比我们的大脑大，含有更多的神经元，但它们的大脑皮层却要简单得多。总的来说，如此复杂的大脑在几十年甚至几百年内都不可能在计算机中准确地再现。

这说明，任何说你能被复活的提议，都只是像万灵油一样的骗术而已。

——迈克尔·亨德里克斯

神经科学家

除了人类大脑复杂的神经元连接之外(很难想象我们会有完全复制它们的能力)，上传的问题还在于它不涉及意识的转移。如果能将一个人的大脑结构上传到电脑上，那大概率也得在这个人还活着的时候完成。这说明，我们上传的不是人体结构，而是他们的精神副本。即使那个副本能够像大脑一样拥有意识(我们甚至都不了解意识是什么，因此也不能保证它能被复制)，让人难以区分你和你的副本，你本身的大脑和意识还是会在你原本的身体里活下去直至死亡。这不是时间旅行，就像把你录制的自己的视频发送到另一个国家不是空间上的旅行一样。

并非所有人都全盘认同亨德里克斯的疑虑。牛津大学的一项研究表明，上传在存储方面在未来是可行的。计算机存储曾被视为有限的资源，但其增长速度甚至超过了计算机处理能力。实际上，牛津大学的研究人员更怀疑计算机处理能力，因为对整个人类大脑的实时模拟在目前是一项不可企及的任务。不过他们认为，在不到两个世纪以内，这可能变为现实。

动物脑部复杂度对比			
物种	俗称	神经元	大脑皮层神经元
秀丽隐杆线虫	线虫	302	0
猫科 (Felis catus)	猫	760000000	250000000
犬科 (Canis familiaris)	狗	2000000000	600000000
非洲象属 (Loxodonta africana)	非洲象	257000000000	5600000000
智人 (Homo sapiens)	人类	86000000000	16800000000

大多数支持人体冷冻学或上传的人都接受它们是长远的目标，但他们用一种类似“帕斯卡契约”（Pascal’s wager）的想法

来合理化他们对这些想法的支持。在 17 世纪，法国数学家布莱士·帕斯卡（Blaise Pascal）提出，“相信上帝”这一行为是理性的，因为，以上帝存在为前提付出的时间和金钱，和不信上帝并失去永生的风险相比，是很小的代价，即使这种信仰在后来可能被证明是错误的。同样地，虽然这些穿越到未来的方式几乎不可能成功，但是如果不去尝试，那生存的概率就是 0 了。

在可预见的未来，在一个大型计算系统的存储器中存储大脑中所有神经元的完整连接，甚至多态隔室模型（multistate compartment models），似乎是可行的。

——安德斯·桑德伯格（Anders Sandberg）

尼克·博斯特伦（Nick Bostrom）

未来人类研究所（Future of Humanity Institute）[3]

这些方法与我们用时间机器进行时间旅行的概念相去甚远，不过，爱因斯坦所建立的基础科学已经证明了真正的时间旅行是完全可能的。

---

3. 未来人类研究所位于牛津大学，研究关于人类前景的重大课题。

第4章

相对论打开时间旅行之门

整个相对论的发展都是围绕着这样一个问题：自然中是否存在物理上首选的运动方式。

——爱因斯坦

在 1905 年这个值得被铭记的年份，26 岁的爱因斯坦发表了四篇杰出的论文。当时，爱因斯坦第一次获得学术职位的尝试失败了。他退而求其次，在伯尔尼的瑞士专利局担任专利官。为了得到这份工作，他不得不动用朋友父亲的关系。这是一个对他来说没有任何挑战性的职位（尽管他好像觉得很有趣），这让他有足够的时间来钻研他的科学兴趣，并撰写只能被称为业余科学论文的文章，但它们是怎样惊人的论文呀！

在其中一篇论文中，爱因斯坦用一种演算确立了分子的存在。在那个人们仍在怀疑原子和分子是否是不同的物理实体的年代，这让人惊讶不已。在第二篇论文中，他解释了光电效应（photoelectric effect）：光照在一些材料上会产生电流。在这个过程中，他说明了光子（光的粒子）必定存在，巩固了量子物理学的基础。这一成就为他赢得了诺贝尔奖。另外，他还在狭义相对论论文的简短扩展中证明了 $E=mc^2$（形式稍有不同），这篇论文让时间旅行不仅成为一种可能，还成为一种必然。

阿尔伯特·爱因斯坦

爱因斯坦出生在德国乌尔姆市的一幢公寓里。由于他父亲经商总是持续不了多久就会失败，他的早年生活也不是很稳定。年轻的爱因斯坦在家里很开心，他喜欢学习，只是僵化的教育制度让他沮丧。在他十五岁时，家族企业迁往意大利，爱因斯坦被留在慕尼黑。他开始叛逆，放弃了德国国籍，移民到瑞士。他进行了两次考试，终于被名校苏黎世联邦理工学院录取，但他是个懒惰的学生，毕业后没能得到一个学术职位。在瑞士专利局工作期间，爱因斯坦于 1905 年发表了第一篇重要论文，不过，直到 1909 年，他才得到第一个正式的学术职位。1915 年，到柏林居住的他发表了关于广义相对论的杰作，在引力这个领域取代了以往牛顿的学说。媒体的大肆宣传，加上在 1921 年获得的诺贝尔物理学奖，使爱因斯坦声名远扬。随着名声的传播，他多次到英国和美国访问。在纳粹政权的统治下，爱因斯坦越来越担心自己的安全。终于，他在 1933 年移民美国，在普林斯顿新成立的高等研究院任职，在那里工作到 76 岁后去世。

光与运动

相对论以在数学上的难懂而闻名，狭义相对论的兄弟——广义相对论当然也是如此（下一章会详细介绍）。但是，我们不需要高中数学以外的知识，就可以证明狭义相对论一定可以让时间旅行发生。而且，让人惊讶的是，它的结果可以全部归结为牛顿运动定律与光的特性间的相互作用。

爱因斯坦的偶像之一是维多利亚时代的苏格兰物理学家詹姆斯·克拉克·麦克斯韦。我们之前说过，正是麦克斯韦确定了什么是光——光是电和磁的相互作用，在任何介质中，只能以一种对应的特定速度发生（光在真空中速度最快，在空气、水或玻璃等实体中速度则会变慢）。麦克斯韦计算了电磁波的传播速度，结果发现它与光速相同，这就是他能够确定光的性质的原因。

时间有多个平行的速度，它们取决于进行测量者以及运动体的状态和条件。

——尼尔·德格拉斯·泰森（Neil de Grasse Tyson）

爱因斯坦发现了光在运动的自然现象中独一无二的特性：它没有相对速度。这一点间接证明了时间旅行是可能的。但爱因斯坦发现，把光运动的这种绝对性代入到牛顿定律中，就会发生三件事。如果一个物体相对于观察者所在位置在运动，第一，观察者会看到该运动物体的时间流逝速度更慢；第二，该物体在其运动方向上收缩；第三，该物体的质量增加。这些结论都很让人惊异，但在我们看来，关键因素是时间流逝速度变慢，即时间膨胀。

时间膨胀效应

时间膨胀（time dilation）通过减慢时间流逝的速度，使我们有可能穿越到未来，这乍听起来可能有些违反直觉。想象一艘往返于地球的飞船，时间膨胀效应告诉我们，由于飞船的移动，飞船上的时间变慢，飞船上的乘客所经历的时间将少于地球上的人所经历的时间。所以，当飞船返回时，旅行者会发现他们已经穿越到了未来的地球。

你可以通过一个叫作“光钟”(light clock)的装置，来设想为什么时间膨胀会因光的恒定速度而产生。“光钟”的秒针推进速度是由在两面平行的镜子之间上下移动的光束来控制的，这两面镜子一面在天花板上，一面在地板上。在谈论太空前，让我们想象一下，在伽利略模型的船上设置一个光钟，船沿直线平稳航行。我们在第 1 章说过，伽利略意识到，在这样一艘稳定移动的船内，如果看不到也接触不到外面，是无法感受到它正处于移动状态的。所以在船的内部，光钟的光束会继续在地板和天花板之间上下反射，就像船没有移动时一样。

扭曲时间，然后你就开启了阻止我们穿越到未来或过去的那道屏障。

——珍妮·兰德尔斯（Jenny Randles）

不过，想象一下假如我们站在岸上，能看到这艘船的内部。从我们的视角来看，光线从离开顶镜开始至到达底镜的时间里，船会向前移动。因此，光束不是直直地向下，而是会以一定的角度前进。因为光的速度很快，我们通常不会注意到这种情况。但它确实会发生。如果船移动的速度足够快——比如说，光速的十分之一（这是一艘非常快的船，因此我们现在需要把实验从水面上移到太空中去），效果就十分明显了。

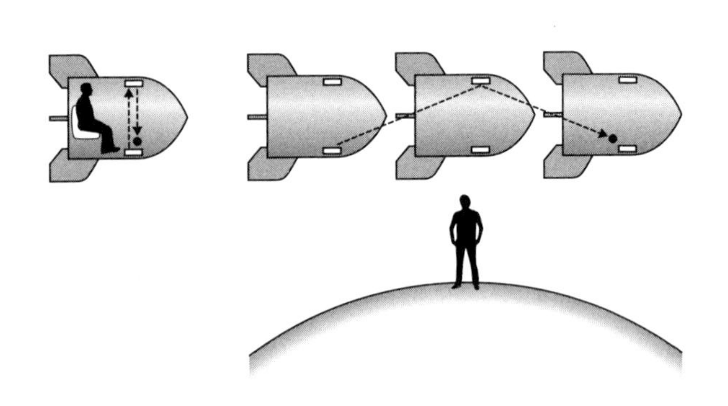

图 4—1　飞船上的光钟

当光以一定的角度传播时，相比于直线上下，一定移动了更远的距离。如果这发生在一个正常的物体（比如一个掉落的球）上，就不会有问题。因为船和球的速度加起来，正好可以让球在原定的时间，沿着较长的距离到达底镜。但光的速度不是相对的。它的速度一直保持不变，不管船在不在移动。所以，从我们这些外部观察者的角度来看，如果光在传播了较远距离的情况下，仍然要在原定的时间到达，唯一的解释就是，飞船上的时间过得更慢。运动本身对时间的流逝是有影响的。

连接时间与空间

爱因斯坦的狭义相对论让时间与空间成了不可分割的共同体。如果不考虑其中一个的变化，就不可能测量另一个的变化（爱因斯坦以前的老师之一——闵可夫斯基，第一个强调要把时间和空间看成一个叫"时空连续体"的实体，而不是继续把它们看作两个不同的概念）。根据狭义相对论，空间中的运动破坏了"同时性"这个概念——确定两个不同位置发生的事件是否"同时"是不可能的。受观察者运动的影响，任何一个事件都可能发生在另一个事件之前。有趣的是，爱因斯坦用分别在地面和在行驶中的火车上观察两道闪电的例子，来说明这种“同时性的相对性”。可见他在专利局的工作影响了他的思考，他在那里也参与评估了一些铁路时钟同步的专利。

对我们来说特别重要的是，狭义相对论表明，由于空间和时间的联系，每当我们移动时，我们经历的时间相对于作为参考系的那个人就会变慢。因此，当我们乘坐速度很快的飞船飞离地球时，由于我们经历的时间变慢，当我们回到地球时，就会发现地球已经穿越到未来。它不仅是一种明显的差别，还是已经被证明过很多次的真理。

从此以后，孤立的空间和孤立的时间都注定要消失成为影子，只有两者的统一才能独立存在。

——赫尔曼·闵可夫斯基

大量实验已经证明了小规模的穿越到未来的时间旅行正在发生。最早的实验是一个原子钟被带上商用飞机，环游了世界（科学家们没钱包机）。当时钟被带回家时，它显示的时间比另一个没有被移动过的原子钟晚了几分之一秒，这证明了飞行的时钟已经穿越到了未来。在其他实验中，人们对一种被称为“缪子”（muon）[1] 的短命粒子的寿命进行了测量（它们是在一种叫作“宇宙射线”（Cosmic rays）[2] 的来自太空的高速运动的物质轰入大气层时产生的）。那些状态不稳定的缪子因为运动，而比稳定状态的缪子“活”了更长的时间，因为对地球上的观测者来说，它们的运动减缓了它们所经历的时间。

> 我可以穿越到你的未来，但还不知道怎么穿越到我的未来。
>
> ——詹娜·莱文（Janna Levin）

目前我们建造过的“时间机器”还非常有限。迄今为止，我们有过的最好的“时间旅行者”是“旅行者 1 号”探测器（虽然这不是它的本来意图），它是美国国家航空航天局（NASA）在 20 世纪 70 年代发射的，用于观测外星球。它现在正向太空深处进发，并仍保持着与地球的交流。“旅行者 1 号”在长途旅行

---

1. 一种带有一个单位负电荷、自旋为 1/2 的基本粒子。历史上，人们曾将它称为 μ 介子，但现代粒子物理学认为缪子并不属于介子。

2. 來自外太空的带电高能次原子粒子。它们可能会产生二次粒子穿透地球的大气层和表面。之所以称为射线，是因为它曾被认为是电磁辐射。

的过程中，已经向未来行进了大约 1.1 秒。如果想要更大规模的时间旅行，我们需要比目前快得多的速度，这一点我们将在第 8 章中再谈。人类迄今为止达到过的最快的速度可追溯至 1969 年 5 月的“阿波罗 10 号”。船上的航天员以相对于地球 39896 千米 / 时的速度飞行，但这只是光速的 0.000037。如果我们想进行大多数人所设想的那种时间旅行——向未来移动几个月、几年甚至几个世纪，那么我们就需要达到更接近光速的速度。

悖论中的双胞胎

假设这样的高速是可能的，我们就有可能看到最容易出现的时间悖论：双胞胎悖论。想象一下，有一对同卵双胞胎参与了一个时间旅行实验，让我们把她们叫作露西和佐伊。就像在同卵双胞胎中很常见的那样，她们的性格截然不同。佐伊想挑战宇宙，露西则宁愿待在家里。佐伊乘坐第一艘达到了相当比例光速的太空飞船，旅行了五年才回到地球。

佐伊在 30 岁时离开地球，所以当她回到家的时候，她已经 35 岁了，但她回来的时候正好赶上参加露西的 50 岁生日派对。

这一对同一天出生的同卵双胞胎，现在的年龄却相差数年。之所以会发生这种事情，是因为高速移动的佐伊的时间流逝速度要比留在地球上的露西慢得多。当佐伊经历了五年的时光流逝时，露西却等了她的姐妹二十年。

图 4—2　双胞胎悖论

佐伊的经历展现了穿越到未来的时间旅行的一些关键之处。首先，它并不像小说中描述的瞬间穿越。我们不可能在 2025 年通过什么方法让自己的实体消失，然后在 2045 年又重新出现。时间旅行者如果想要时间旅行，就必须得进行空间旅行，而这个旅行会耗费真实的时间，旅行者要在其间生活。现实中，除非能够达到非常接近光速的速度，否则从时间旅行者的角度来看，任何时间旅行都需要几年的时间。而在这段旅程中，只要有足够好的望远镜，正在进行时间旅行的飞船总是能被地球观测到的。真正的时间机器不是在时间轴上向前跳跃，而是让飞船内的时间流逝减慢。

如果你逻辑思维还不错，你可能已经发现了整个狭义相对论在时间旅行中的一个明显漏洞（不知为什么，很多人都痴迷于找相对论的漏洞，不过都以失败告终）。的确，光的速度不是相对的——但飞船的运动是相对的。从露西在地球上的视角来看，飞船是在移动的。但从佐伊的角度来看，飞船是静止的，是地球在高速地远离飞船（伽利略的相对论仍是有效的）。站在露西的视角上，是飞船上的时间变慢了，但站在佐伊的视角上，又变成地球上的时间变慢了。对于佐伊来说，飞船上的时间完全正常地进行着。请记住，在飞船上，光钟会继续直上直下地嘀嗒作响，佐伊不会感受到她的时间变慢了。

时间膨胀的数据 c 为光在真空中的速度：299792 千米 / 秒			
速度	旅行者经历的时间	地球经历的时间	穿越到未来的时间
$0.1c$	10 年	10.05 年	18.25 天
$0.5c$	10 年	11.55 年	565.75 天
$0.9c$	10 年	22.94 年	12.94 年
$0.99c$	10 年	70.88 年	60.88 年

这都是完全正确的，而这种对称性看起来会带来这样的结果：两姐妹中任何一个人都不可能比另一个人老得更慢，所以当她们最终重逢时，她们的年龄会是相同的。但这种对称是一种错觉。现实中，有些事情发生在佐伊身上，而在露西那儿却没有发生：飞船被施加了一个力，使它加速离开地球，达到接近光速。在其旅行到的最远处，飞船的引擎再次启动，减速到停止，掉头，然后加速回到地球，直到最终减速降落。产生加速度的力施加给了飞船（和佐伊），但没有施加给地球（和露西）。

狭义相对论只适用于没有加速度的情况，物理学家称之为惯性参考系（inertial frames）。在这种情况下，物体会匀速运动下去。当飞船以恒定的速度远离地球时就是如此。但当飞船的引擎启动时，它实际上重置了时钟，这意味着飞船确实在返回后发现地球上的时间比它在船上的时间还要长。飞船和佐伊一起，已经真正地穿越到了未来。

这太棒了，我们现在具备了进行时间旅行的第一个必要条件：能比简单地等待时间流逝更快地穿越到未来。当然，对于时间旅行来说，单是能移动到未来是不够的，我们也想回到过去。

第5章 如何回到过去

过去就像一个陌生的国度：那里的人做事风格与我们截然不同。

——L.P.哈特利（L.P.Hartley）

在科幻小说中，时间机器的设计者都弄错了一件事：向未来和向过去的时间旅行是截然不同的。向未来穿越是很容易的——比如布朗博士的迪罗伦时光机（DeLorean）[1]，只需要高速移动就可以实现穿越。诚然，这个虚构的时间机器所需的 141 千米/时的速度，其实只能让时间改变一丁点，但即使是缓慢的移动，也会产生一定的时间穿越效果。然而，穿越到过去则更难实现，它需要完全不同的技术。即便如此，由于爱因斯坦的杰作——广义相对论，从物理学的角度，原则上穿越到过去也是可以实现的。

虽然广义相对论听起来是狭义相对论的一个更普遍化的版本（它确实是），但关键在于，它还解释了引力的原理。广义理

1. 在影片《回到未来》中，布朗博士在迪罗伦汽车中建造了时光机。

论向我们展示了物质是怎样让它周围的时间与空间扭曲的。我们常常只注重空间部分：比如，是太阳质量对空间的扭曲，让地球在太空中的直线运动变为绕着太阳在轨道上运动。但其实，引力场也会扭曲时间。如果有足够强大的场，在特殊情况下，足以产生一种使我们能够踏入过去的时间环。

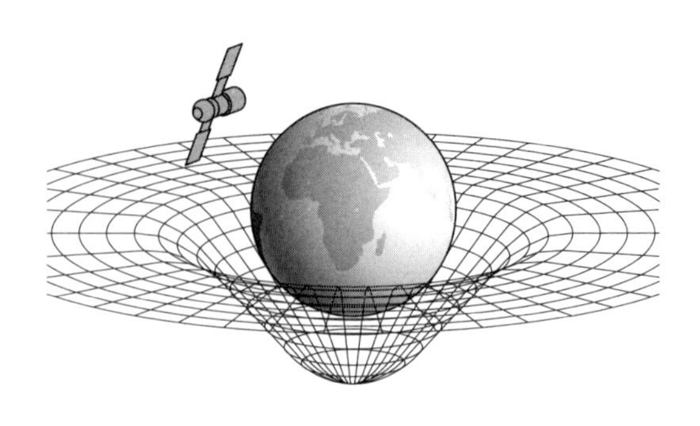

图 5—1　地球的引力场

爱因斯坦最快乐的想法

爱因斯坦说，当他坐在瑞士专利局的椅子上时，曾有过他“最快乐的想法”，这种想法使他开始了广义相对论的研究。他在 1922 年的一次演讲中突然提出：“我产生了一个想法：‘在一个人坠落（自由落体）时，他感受不到自己的重量。’我吓了一跳。这个简单的想法在我脑海中挥之不去。它促使我走向了引力理论（theory of gravitation）。”

如果时间之河可以扭成德式碱水面包的形状，打旋并分汊成两条河流，那么时间旅行就不是无稽之谈。

——加来道雄（Michio Kaku）

这是日后推导出的等效原理（equivalence principle）的开端。在当时，爱因斯坦的想法有些让人难以理解。那时可以举的最贴切的例子也许是，下降电梯里的人不会被重力拽倒在电梯的地板上，因为人和电梯都在以同样的速度加速。不过到了现代，我们有了一个更具说服力的例子：国际空间站（ISS）。

我们都见过航天员在国际空间站里飘来飘去。人们可能自然地假设说，那是因为航天员在太空中没有受到地球引力的影响。然而，其实国际空间站的轨道高度相对较低——距离地球表面仅 350 千米。在这个距离上，来自地球的引力几乎是地球表面能感受到的引力的 90%。航天员之所以能够飘来飘去，是因为他们处于自由落体状态，在地球引力下向地球坠落——因此，正如爱因斯坦所指出的，他们感觉不到自己的重量。

国际空间站

人类太空飞行的历史中有许多空间站，尽管没有一个能与科幻小说中的空间站媲美，例如《2001：太空漫游》里那个像酒店一样巨大的旋转轮。最早的空间站实际上是停留在轨道上的大型太空舱，从 1971 年在太空停留了 175 天的第一个空间站——苏联“礼炮 1 号”（Salyut 1），到 1973 年至 1979 年停留在轨道上的美国“太空实验室号”（Skylab），都是这样。一个真正的空间站需要由一些模块组装起来，使其成为一个长期的居所。第一个这种意义上的空间站是苏联的“和平号”（Mir），于 1986 年发射，一直运行到 2001 年。但要说迄今为止最有用的，则是俄美国际空间站（Russian-American International Space Station），其第一个模块于 1998 年进入太空。自

2000 年以来，它一直用于进行一系列的实验。不过，也可以说它的主要作用是保持了公众对太空的兴趣。在写作本书时，已有 240 名航天员访问了这个近地轨道设施。

当一个物体绕着另一个物体运动时（无论是空间站绕着地球运行，还是地球绕着太阳运行），在引力的作用下，轨道上的人一定会向着另一个物体“坠落”。这没有造成灾难性结局的唯一原因是，空间站本身也在坠落方向的垂直方向上移动，速度刚好能使其保持高度。这就是为什么要想保持在某个轨道上，在特定的距离上只能有一种特定的速度。比如，以国际空间站为例，速度大约是 27600 千米 / 时。航天员处于自由落体状态，但随着空间站的运动，他们也以适当的速度侧向运动，从而不至于坠落。

它的原理是：重力[2]作用下的加速度会抵消重量。爱因斯坦创造性地提出，加速度和重力不管怎么看都是一模一样的事物——在效果上是无法区分的。其中加速度的部分就是我们尽管想研究重力，但现在要讲广义相对论的原因。我们所熟知的伽利

2. 重力与引力是同一个词（gravity），当描述发生在地球上的情况时，我们在文中使用“重力”。

略的相对性原理告诉我们，在一艘封闭的飞船里，你无法区分飞船是静止的还是在匀速运动。狭义相对论纠正了它在空间和时间的联系上的疏漏，而广义相对论则又引入了“相对加速度”（relative acceleration），它告诉我们，在一艘封闭的飞船中，你无法区分自身是受到与加速运动相反的惯性力作用，还是受到重力作用。

等效原理

当飞机在跑道上加速时，你会有什么感觉呢？一种被推进座椅靠背的感觉。事实上，发生的事情是飞机向前加速使得座椅靠背推到了你身上，由于牛顿第三运动定律（相互作用的两个物体之间的作用力和反作用力总是大小相等，方向相反），你会感到一股相同且相反的力，把你推进座椅。现在让我们想象一下，我们在一艘载着非常精确的测量设备的飞船上面，飞船正在加速。就像在飞机上一样，你会感觉到一股力量把你推向飞船的后面。如果飞船的加速度与你在地球表面感受到的重力加速度相同（约9.81米/二次方秒），你就会觉得你的体重和在地球上时是一样的。

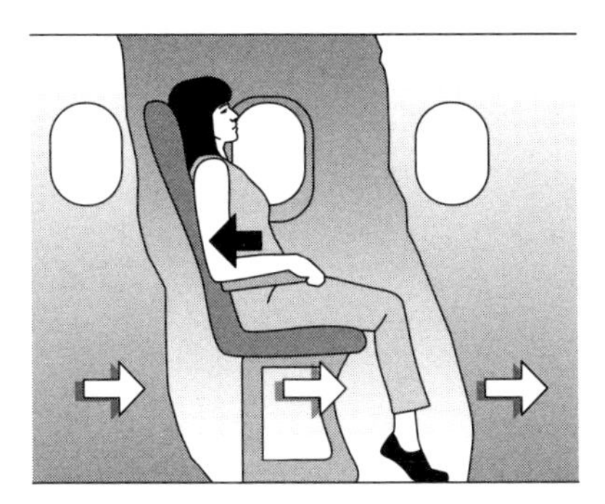

图 5—2 等大反向的力

现在，让我们发射一束光横穿飞船的内部。如果飞船在加速，那么在光线穿过船体内部所需的时间内，船体会有些微移动。因此，光束不是直线穿过，而是会发生轻微的弯曲。但如果加速度真的等同于重力，那么假设飞船静止在地球表面，也会发生完全相同的事情。重力不仅使你能够感觉到你自己的重量，还使光的路径发生弯曲。

虽然广义相对论中的数学复杂得让人痛苦（爱因斯坦本人都需要得到数学方面的帮助），但不需要深入到相对论的引力场方程（field equations），也可以理解“质量很大的物体使时间与空间弯曲，并被包裹在这种弯曲中”这一陈述。

时空告诉物体如何运动，物体告诉时空如何弯曲。

——约翰·惠勒（John Wheeler）

比如，引力导致空间站或地球绕轨道旋转，其实只是光在飞船内部传播（发生弯曲）现象的大规模延伸。我们以为地球是绕着太阳转的，实际上，像基本的牛顿物理学告诉我们的那样：地球在宇宙中是直线运动的。然而，太阳系中心的那颗质量巨大的恒星的引力，使空间扭曲，让直线变成了曲线。结果就是，地球在弯曲的轨道上运动。

为什么悬垂的物体（比如牛顿的苹果）会坠落，其实原因并不是很明显。然而，我们必须记住，广义相对论告诉我们，物质会使空间和时间弯曲。如果我们想象苹果在时间中稳定地向前，那么，如果把这种运动弯曲起来到另一个维度，它也会在空间中移动（只有一个时间维度）。爱因斯坦的相对论使我们记住，空间和时间不是相互独立的存在，而是时空这个整体的一部分。

广义相对论的引力方程式

广义相对论结合了一系列引力效应来描述物质和时空如何相互作用。这种相互作用由这个看似简单的方程式来描述：

$$R_{\mu\nu} + \Lambda g_{\mu\nu} = (8\pi G/c^4)\ T_{\mu\nu}$$

这个方程式非常简洁凝练，但使用了一种单个符号即可代表一系列不同方程的特殊符号。方程中带有下标 $\mu\nu$ 的每一部分实际上都是一个张量，将十个复杂的微分方程压缩成这种简捷的形式。简单来说，等号左边描述的是时空的曲率，等号右边描述的是质量和能量造成（时空）弯曲的方式。只有在特殊情况下，这些方程才有解。这意味着这些方程可以通过圈定适用对象来简化，例如，它得到的第一个解是一个完美的球型，同质且不旋转的单一物体。但对于大多数现实世界中的系统来说，这个方程无法完美地得到一个解。

时间的扭曲

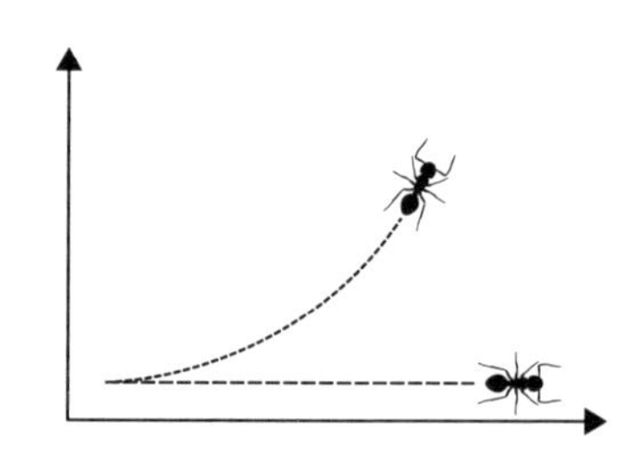

图 5—3　在时间和空间中运动的蚂蚁

这幅在时间中的运动是如何被扭曲成同时在时间与空间中运动的图，虽然在数学上并不精确，但也给了我们一点关于为什么广义相对论使穿越回过去成为可能的灵感。想象一下在两个物理维度中的运动，一只蚂蚁正在一张图画纸上沿着水平轴行走。如果这只蚂蚁开始选择一条曲线道路，在垂直轴上也向上运动，那它沿着水平轴行走得就不会像之前那么快。同样，当穿越时间的运动扭曲成穿越空间和时间的运动时，沿时间轴的行进速度就会变慢。受重力的影响和受运动的影响一样，会使时间变慢。

乍一看，我们似乎找到了另一种穿越到未来的方式，但其实情况不同。就像伽利略相对性原理意味着我们在谈论空间移动时必须问“参照物是什么”，我们也需要在思考穿越时间时问“参照物是什么”。一般来说，当我们说要穿越到过去时，我们指的是相对于地球上当前时间的过去，这就使“地球的引力场意味着时间在地球上会比在其他地方慢一些”这一事实，不会给我们提供一条穿越到过去的方式。但方法是有的，只是更加复杂一点。

我们过一会儿再回到这个问题，但要强调一点，就像狭义相对论对时间的影响一样，引力对时间流逝的影响也已经得到了广泛的测试。通常是通过使用高塔来造成有效的时间差，因为引力场在塔顶会稍弱一些。事实上，如果不针对广义和狭义相对论指出的影响进行修正，提供卫星导航的全球定位系统（GPS）卫星就无法工作。

每个 GPS 卫星实际上都是一个非常精确的时钟，不断地发射时间信号。通过测量来自一连串卫星的时间差，接收器可以计算出它自己的位置。由于卫星是移动的，就像那个在飞机上环游了世界的原子钟一样，根据狭义相对论，卫星上的时间会比地球上的时间慢一些。但与此同时，卫星也在大约 20000 千米的高空中，因此它经受的引力对时间的扭曲比我们在地面上的要少，这让它的时间走得更快一点。两者之中，广义相对论的效果更强一些。如果卫星不对这两个因素带来的综合效果进行修正，在一天之内，它们就会让测量结果离正确地点差上几千米，从而让系统失效。（尽管有传言说，对它的修正被设了一个开关，因为一位美国将军不相信真的存在这样的误差，不过系统的设计者是知道修正的必要性的。）

如果你能扭曲空间，你就能扭曲时间。如果你有足够多的知识并且可以比光速更快地移动，你就可以回到过去，并同时出现在两个不同的地方。

——玛格丽特·阿特伍德（Margaret Atwood）

要想穿越到过去，我们需要发现（或创造）一个时间流逝得更慢的地方，并且要有办法进入那个地方。这就是为什么制作一个可以真的回到过去的时间机器是很棘手的。它不违反任何物理定律，但我们需要以某种方式从空间某处跳跃到另一处，或充分扭曲空间，使我们可以直接进入这个时间流逝得更慢的地方。我们将在第 9 章中继续探讨它意味着什么以及如何实现，广义相对论对空间和时间有一系列有趣的影响，可能最终让这些方法变得可以实现。

驾驭广义相对论

总的来说，至少有三种机制能进行回到过去的时间旅行。其中，最简单的一种也许是“提普勒圆柱体”(Tipler cylinder)，它涉及创造一个极度巨大、高速旋转的圆柱体（假设上最有可能由坍缩的恒星形成）。由于一种叫“参考系拖曳”（frame dragging）的广义相对论的效应，经过反复检验，可用作时光机器。参考系拖曳意味着，一个旋转的巨大物体在运动时，会把时间和空间一起拉过来。

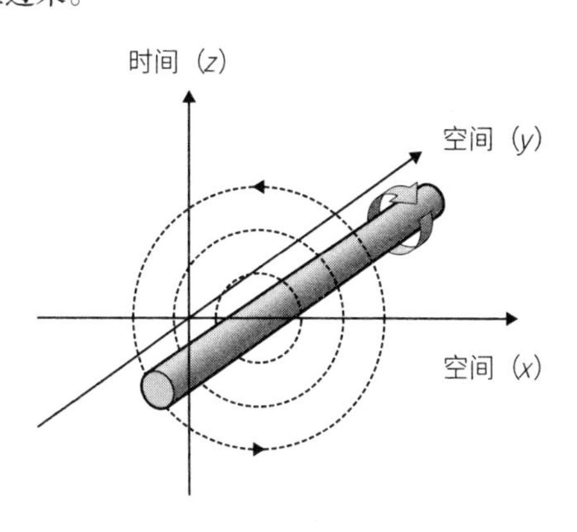

图5　4　参考系拖曳

一个简单的比喻是在一罐蜂蜜中旋转勺子。当勺子旋转时，会把附近的蜂蜜也拉动并使其运动。蜂蜜是黏稠的，已经在运动的蜂蜜会向外拖动更远些的蜂蜜一起旋转。结果就是，一会儿就会出现一个微型的蜂蜜漩涡。“参考系拖曳”指类似的事情会发生在巨大的旋转圆柱体周围的时空，这提供了将两个时间点连接在一起的可能性。

第二种机制是基于这样一种观点：比光速更快的运动可以提供一种回到过去的时间旅行的机制。有相当多的理论致力于为星际旅行创造“曲速引擎”（warp drive），就像科幻小说中的时间旅行一样。我们知道，太空旅行的速度不可能比光快，但曲速引擎可以让飞船相对缓慢地移动，但它周围的空间本身却发生扭曲，由此让它从 A 点到 B 点的速度比光快。虽然还有一些重要的问题需要改进，但这种引擎（也叫“阿尔库贝利引擎”）的基本设计已经发表出来了。

最后一种机制是使用虫洞（wormhole），它也被称为爱因斯坦－罗森桥（Einstein-Rosen bridge）。这也来自广义相对论：将时空（spacetime）中的两个距离很远的点连接起来是可能的，只需要将时空弯曲到能让其中一个点与另一个点连通就可以了。这是另一种科幻小说喜欢用的、在可控的时间内完成星际旅行的方式，不过，它也（在原则上）提供了一种回到过去的办法。

虫洞，和其他的超光速旅行的方法一样，可以让人进入过去。

——斯蒂芬·霍金

想象我们设置了一个虫洞，可以连通一艘遥远的宇宙飞船。这艘宇宙飞船已经飞得足够快，足以让时间流逝变慢。所以穿跃过虫洞应该可以使我们回到过去。这听起来可能比前面说的那种改变恒星的工程要简单。但注意，前面那段仅仅是理论上的可能性。“参考系拖曳”已经被证实可行，但却从未有人见过天然的虫洞，也没人造出来过。况且，即使它是可行的，它的稳定性也有很大的问题。

创造一个稳定的虫洞需要一种理论上的物质，称为“负能量”（negative energy）。它真实存在于物理现象“卡西米尔效应”（Casimir effect）中，但只是小规模地存在，因此很难观察到它是如何发挥作用的。不过，还是有一点小小的希望，它在科幻电影《环形使者》中得到了很好的利用。我们将在第 9 章详细讨论它如何可行或不可行。

美国物理学教授罗纳德·马利特（Ronald Mallett）深刻地认识到回到过去的时间旅行的困难。在他的父亲早逝后，他全身心投入对时间旅行的研究中。虽然马利特想要重回他父亲生前的最后一段时光，但他知道以他的设计是不可能实现这个目标的——他相信他可以构造出一种基于“参考系拖曳”原理的机器，使粒子能够以几分之一秒的极小速度穿越到过去，不过不是用“提普勒圆柱体”，而是使用激光来实现（同样会在第 9 章有更详细的展开）。

不过，话说回来，为什么我们不守株待兔，等着时间旅行者来找我们呢？毕竟，无论人们是在多么遥远的未来成功发明出时间机器（假如它们真的能被造出来），肯定会有一个人在某刻穿越时空回到我们身边，然后把这种技术教给我们吧。所以穿越了时空的旅行者在哪里呢？

第6章 为什么我们没见过时间旅行者

人们可能希望，随着科技技术提高，总该有造出时间机器的一天。如果事实如此，那为什么没有人从未来回来，告诉我们应该怎么造出它呢？

——斯蒂芬·霍金

斯蒂芬·霍金教授在《时间简史》中对回到过去的时间旅行提出了质疑。他问道，为什么没人见过来自未来的旅行者。时间旅行的巧妙之处在于，发明它的时间并不重要——那么为什么我们没有被时间旅行者淹没呢?

这是科幻小说经常思考的问题。那些持反乌托邦未来看法的人认为，在发明出时间机器之前，我们就已经把自己的种族搞灭亡了。更乐观的人则认为，就像《星际迷航》（*Star Trek*）中的“最高指导原则”（Prime Directive）一样（它防止星舰成员干扰外星文明的发展），未来的旅行者被法律禁止在过去乱来。话虽如此，但在《星际迷航》中，这条原则似乎经常被置若罔闻，很难想象竟然没有一些试图去干涉过去的人（电影《环形使者》

中的犯罪组织就进行了时间旅行）。所以，也许是时间旅行机制中的一些根本性的东西或技术，阻止了旅行者与我们直接互动？

时序保护猜想与时空警察

有些人可能争辩说，我们无法改变过去，因为它已成定局且不可改变。就像老式的照片冲洗，一旦拍下，照片里的现实就无法改变（虽然最终的印片可以被润色）。在这样的宇宙观中，无论你做什么，都无法改变过去。然而只要有时间旅行者出现，过去其实就已经改变了。更进一步，由于蝴蝶效应，在自然界的混沌系统中，一开始很微小的差异也可能造成未来的极大的改变。所以即使是对过去的最小干扰，也可能造成重大影响。然而，这样的论点往往只是空虚的猜想。你可以说你相信过去是不可改变的，但这无法被证明是事实。如果过去被改变了，那这种改变也就变成了过去本身——我们不会有另一种过去的记忆与之相比较。

1992年，斯蒂芬·霍金在著名的《物理评论》（*Physical Review*）D刊上发表了一篇题为《时序保护猜想》（Chronology Protection Conjecture）的论文。霍金的论证基于一种比较模糊的回到过去的时间旅行机制，即利用“宇宙弦”（cosmic string）来实现，宇宙弦是一种假设的、可能并不存在的事物。霍金似乎证明了由此产生的“逆反应”（back reaction）将阻止“封闭类时曲线”（closed timelike curves，CTC）出现，而这种曲线是回到过去的时间旅行的现实条件，除非宇宙弦是无限长的。霍金总结道：“这些推演结果有力地支持了时序保护猜想：物理法则不允许出现封闭类时曲线。”不过，这个结论只适用于这种极端的情况。

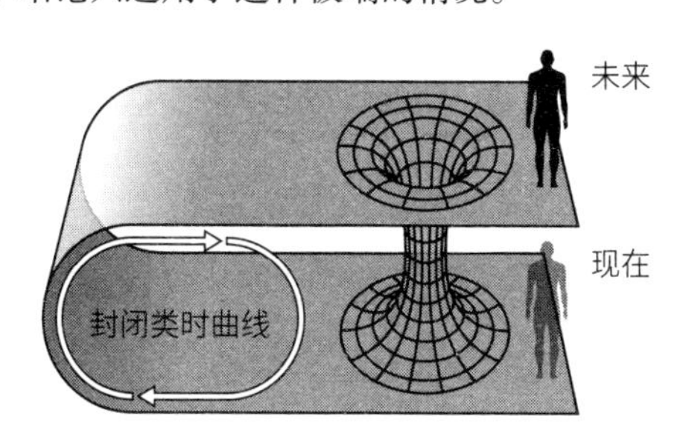

图 6—1　封闭类时曲线

这个概念有时也更广泛地称为“因果序假设”（Causal Ordering Postulate，COP），这主要是为了玩一个“时空警察”双关语（COP 有“警察”之意）。我们在第 10 章将提到的所有关于回到过去可能出现的问题和有趣的悖论，都缘自因果关系（causality）的中断及其影响。

因果关系

因果关系对科学地认识宇宙十分重要，但由于我们固化的内在认知模式，我们经常对它产生错误的认识。人类（包括其他动物）很善于发现事物的规律。这是一项基本的生存技能。如果我们需要不断地重新学习每一个经验，就无法长久生存下去，但如果了解了（打个比方）那些潜伏在阴影中的捕食者的大致行为规律，我们就可以迅速采取行动，从而提高生存能力。虽然我们做出的反应并不总是正确的，有时可能只是杯弓蛇影。

如果有个来自未来的时间旅行者在过去的几年里访问了互联网，那他们可能会留下一些像预言一样的内容，它们会一直保存至今日。

——罗伯特·纳米洛夫（Robert Nemiroff）

特蕾莎·威尔逊（Teresa Wilson）

密歇根理工大学

要认识我们在发现规律方面的能力，只需要看看我们在人工智能（AI）图像识别领域内花了多少功夫就行。人工智能领域最大的成就之一就是能够在图像中识别出某种东西。人工智能对于这件事，比对其他大多数事情都更擅长，甚至在少数特殊情况下可以击败人类。但问题在于，人工智能学习识别东西，必须经过成千上万张图片的训练，而人类只需要看几个例子就能达到类似的识别水平。

但是，这也成了问题：我们是如此擅长发现规律，以至于在压根儿没有规律的地方，我们也想找一个规律。在生存层面，谨慎总比犯错好,但这也造成我们经常将相关性和因果关系混淆。相关性（Correlation）是指两件或更多的事情在近似的时间或地点发生。当然，当两件事互为因果关系时，它们确实是相关的，但相关性并不总是意味着事物之间有因果关系。

在历史上，就有将相关性与因果关系混为一谈而导致的指控，类似于某人身边恰好有一系列坏事发生，就被指控为女巫。不幸的是，随机事件确实经常一发生就是一连串儿（如果你怀疑这一点，想想把一盒滚珠轴承倒在地上。如果它们均匀地散落在地上就太奇怪了。相反，事实是其中一些会紧挨着，另一些则到处分散）。当这样一系列的事件发生在一个“原因”附近时（旧时代是女巫，现在可能是手机信号塔[1]），有相关性，但不意味着存在因果关系。

当存在真正的因果关系时——一个事件导致另一个事件——在物理学中有一条铁则，即作为原因的事件应该比作为结果的事件在时间上发生得更早。如果结果先于原因，那事情就乱套了。然而，时间旅行使得打乱“因果顺序”成为可能，因此有了“因果序假设”。

正如爱因斯坦研究狭义相对论对同时性的相对性的影响时所讨论的那样，相对论也可能干扰因果顺序。我们前面提到过，爱因斯坦使用了火车在两个同时发生的事件之间的轨道上行驶的例子：在长长的、笔直的火车轨道上相距很远的两个位置，有两道闪电正在落下。怎么能检测到这两件事是否是同时发生的呢？观察者无法同时出现在两个位置。

爱因斯坦建议在两者的中间位置安排一个观察者（这在现实中不可能发生，因为它意味着你需要知道闪电发生的确切地点，不过也可以用人造的电光来代替）。如果这两道闪电的光同时到达中点，我们就可以说它们确实是同时发生的。

1. 有人认为手机信号会伤害人体。

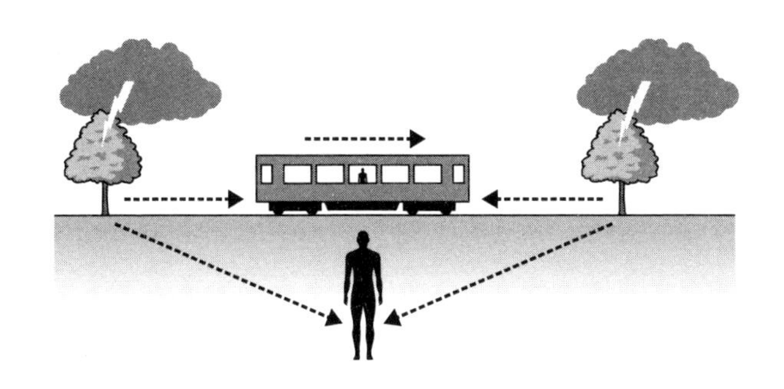

图 6—2　爱因斯坦的火车实验

作为一个现代商品的时间旅行，如果对消费者开放，可能很快就会被滥用。

——大卫·哈彻·奇尔德雷斯（David Hatcher Childress）

但现在让我们把探测器放在一列移动的火车上，根据轨道旁的一个静止的观察者的观察，这列火车在光到达它的同时正好经过该中点。当光束还在路上时，火车是在运动的。因此，火车后面的光到达探测器的时间，将比从火车前面的光到达探测器所需的时间长。两个事件不再是同时的了。而判断哪个事件先发生，可以通过让火车向相反的方向行驶这种方法很轻易地改变。

虽然这个例子证明了改变事件发生顺序的可行性，但它实际上并没有改变因果顺序，因为其中一个事件不能引起另一个事件。不过，回到过去的时间旅行就让改变因果关系变得可能了。请注意，就算“因果序假设”是真的，它也不会使时间旅行本身变得不可能，只是无法改变因果顺序。如果你只是看看发生过的事而不干预的话，这不会影响穿越到过去或者未来的时间旅行的可行性。

斯蒂芬·霍金基于量子物理学的一个效应，提出了“因果序假设”的某种机制。量子理论的一个基本方面是不确定性原理（uncertainty principle），即有一些成对的关联属性，我们对其中一个知道得越精确，对另一个的认知就越不精确。它经常被应用于位置和动量（momentum）的组合。我们越是精确地知道一个量子粒子的位置，对它的动量就越不确定。

这有点像给一辆行驶中的汽车拍照：很短的曝光会捕捉到汽车的细节，但不知道它运动的方向，而长时间的曝光会让汽车变得模糊，但显示出它是如何运动的。不过在一定程度上，不确定性原理更有趣的是时间和能量的关联。

图 6—3　行驶中的汽车的影像曝光

时间和能量的关系是，即使是在真空中，我们越是精确地确定一个时间间隔，就越不能精确地确定该空间中的能量总量。如果观察很短的时间间隔，那么能量波动会非常巨大——巨大到能够产生出物质。正如 $E=mc^2$ 告诉我们的那样，物质和能量是可以相互转化的，但是要产生少量的物质需要非常多的能量（c2 是光速的平方，是一个很大的数字）。

在这种情况下，成对的粒子——物质与反物质（在第 8 章有更多介绍）——突然出现，然后又重新组合到一起。这一系列过程通常在它们被探测到之前就已发生，不过有一些现象显示这些“虚粒子”（virtual particles）是存在的，比如卡西米尔效应（见第 9 章）。斯蒂芬 · 霍金提出，一些这样的粒子可能会在时间机器的影响下变成现实中的存在，并且越变越多，以至于它们的质量会让时空弯曲，继而让时间机器失效。这在很大程度上是一个“原则上成立”的论点——没有证据表明它实际上会发生。

他们在哪儿呢?

即便如此，如果回到过去的时间旅行真的可能的话，我们还没感受到时间旅行者的存在，仍然是很奇怪的（我们不会对见到来自过去的时间旅行者抱有期望，是因为现在还没有的技术，不会在过去已经存在）。据说，早在1950年，诺贝尔奖得主、意大利物理学家恩里科·费米（Enrico Fermi）和新墨西哥州的洛斯阿拉莫斯国家实验室的同事共进午餐时，就问过：“他们在哪里？”那时，UFO的话题占据着美国新闻头条。虽然费米没把那些报道当回事儿，他却半认真地问了一个问题：来自外太空的游客在哪儿呢？我们似乎也有必要问一个同样的问题，不过是关于来自未来时代的访客。

我们应该长出一口气，放松下来，因为这意味着不会有“一些人穿越回来并且改变了什么”这种事儿引得一团乱了。

——大卫·巴契勒（David Batchelor）

如果说我们有可能在什么时候看到过他们的话，那应该是在2005年。那年5月，麻省理工学院举行了一次时间旅行者大会。他们的想法是未来的人们会得知有这次大会并穿越时空来参加。这不是一个媒体会忽略的小型私人会议。大约400名客人来到马萨诸塞州剑桥市的莫尔斯大厅，有一部分人希望与来自未来的自己见面，更希望该活动能被载入史册。在5月5日星期六晚上10点，人们希望时间旅行者会到来。

遗憾的是，没有时间旅行者出现。组织者是真的期望见到大批来自未来的旅行者吗？也许不是，尽管他们可能梦想过它会成真。回顾这次活动，会发现它更像是一个有趣的大学宣传噱头。组织者是麻省理工学院的一名研究生，名叫埃默·多雷（Amal Dorai）。他声称他的灵感来自一部名为《猫和女孩》的网络连环漫画。同样的无用功也在同年早些时候，发生在澳大利亚的珀斯，虽然没有那么大张旗鼓。人们在那儿竖起了一块牌子，在漫长广阔的时空中，给时间旅行者提供了一个休息站。

澳大利亚的珀斯和麻省理工学院的活动，以及1982年3月9日在马里兰州的巴尔的摩市，由一个自称为“Krononauts”的团体举办的一场不那么精致的时间旅行者聚会一样，似乎也没有迎来来自未来的访客。

珀斯路牌

如果生命从未来穿越到过去成为可能，须知悉，此地已被正式指定为未来居民返回此日的地标。

目的地日

中午12点(UTC/GMT[2] +8小时)

2005年3月31日

弗雷斯特，珀斯6000，西澳大利亚

纬经度：31.9522° ~ 115.8591°

我们欢迎并等待您的到来。

以幽默感著称的斯蒂芬·霍金仿照2005年的事件，举办了

2. UTC为世界标准时间。GMT为格林尼治时间。

一个时间旅行派对，同样没有人出现。尽管如此，他还是在派对后的第二天发出了邀请。在聚会结束之后再发邀请也完全没有问题，因为不管怎样，未来都可以检索到这封邀请信。现在回过头来看，更容易理解为什么这种活动无法成功。发现霍金举办了这个派对是很简单的，但要确定确切的地点和时间却相当困难。

来自未来的时间旅行者肯定会不停地拿相机烦扰我们，让我们为他们的影集摆个笑脸儿。

——加来道雄

大多数报道称聚会日期为 2009 年 6 月 28 日，但也有人说是在 2012 年。有一些文章指出地点是英国剑桥的冈维尔与凯斯学院（Gonville and Caius College），但邀请函的细节却难以考证。另一篇文章说“霍金提供了精确的 GPS 坐标”，但事实上，考虑到在该事件发生几年后人们才能够确认 GPS 坐标，100 年之后（姑且这样说）的人们能拥有这份坐标，就显得不太可能了。同样地，2005 年的事件和地点现在也已逐渐成为过去。在未来，完全有可能真的没人知道它们了（让我们期望本书能把这个信息传递下去！）。即便如此，我们似乎也有理由重提费米的疑问：他们都在哪里？

时间旅行考古

发现时间旅行者的一个可能途径是在网上寻找他们的痕迹，密歇根理工大学（Michigan Technological University）的两位研究人员在2013年这样做过(有趣的是,这两位研究员——罗伯特·纳米洛夫和特蕾莎·威尔逊的论文把霍金聚会的日期写成了2012年，这一定给未来可怜的时间旅行者徒增了许多困惑）。这项研究的想法是去寻找未来知识或技术出现在错误时代的地方（就像小报中偶尔出现的兴奋点一样，例如某人拿着明显是现代的手机出现在一张老照片中）。

研究员们在互联网搜索记录和社交媒体帖子中，寻找在某个尽人皆知的日子前没有被命名过的事物：ISON彗星和教皇弗朗西斯一世。ISON直到2012年9月才被命名，那么，如果在那之前有人提到了它，就会被当成时间旅行存在的证据。同样，豪尔赫·马里奥·贝尔戈里奥在2013年成为教皇的时候，选择了一个以前没被使用过的教皇名字[3]，所以如果在这之前有人提到过这个名字，那就有意思了。研究人员还呼吁时间旅行者在他们回应这个要求的日期之前，在推特上留下推文，并加上“# 我可以改变过去 2 #”这个标签。（考虑到有些时间旅行者可能和某些理论家一样，认为任何改变过去的企图都会以失败告终，研究员们还特地准备了“# 我不可以改变过去 2 #”这个标签以供选择。然而，同样没有收到任何消息。）

就算我们最终发现时间旅行是不可能的，理解它为什么不可能也是很重要的。

——斯蒂芬·霍金

应该指出，这种（寻找时间旅行者的）方法不是无懈可击的，即使找到了一些看起来像预知一样的事情，有时只是巧合。例如，1898 年出版过一部名为《泰坦号的沉没》（*The Wreck of The Titan*）的小说。小说描述了一艘名为“泰坦号”的英国大型

3. 教皇通常会使用之前被其他教皇使用过的名字，比如格列高利，根据欧洲的命名法，只需在名字后面加上“几世”即可。拿前面的例子来说，目前已经有格列高利十六世了。

客轮的沉没，这艘客轮曾被认为是不会沉没的，因此没有足够的救生艇供乘客使用。书中描述道："泰坦号"撞上一座冰山后，沉没在北大西洋。这与1912年同样巨大的"泰坦尼克号"的沉没有着非同寻常的近似之处。但它和时间旅行无关。事实上，有数以百万计的类似小说出版，没有任何迹象显示它们对时间旅行有所了解。

排名前五的时间旅行目的地

关于时间旅行的虚构小说总是聚焦于这几个历史事件，在这些事件发生时，我们极有可能遇到大量的时间旅行者。这里是排名靠前的五个：

日期	事件
距今650万年前	野生恐龙
大约公元30年	耶稣被钉在十字架上
1963年11月22日	约翰·肯尼迪被刺杀
1989年11月9日	柏林墙倒塌
2001年9月11日	纽约双子塔的恐怖袭击

对时间旅行者的设想还一直在娱乐大众。2012 年 2 月，伦敦黄金广场的一栋建筑上出现了一块蓝色牌匾（很像英国文化遗产行业贴出的那种牌匾[4]），它上面写道："雅各布·冯·霍格富勒姆，1864—1909 年，时间旅行的发明者，曾于 2189 年住在这里。"虽然措辞的逻辑有点儿让人摸不到头脑，不过，这块由戴夫·阿斯奎斯和亚历克斯·诺曼顿设计的牌子没挂多久就被拆掉了，真是让人惋惜。

实际上，有一个根本的原因——霍金一开始就应该意识到这一点（他后来收回了他的问题）。基于广义相对论而被建造的时间机器提供了一个通道，通往时间流逝减缓并把我们带回过去的地方，但这样的通道永远不可能到达比时间机器最初建立时更久远的过去。没有机制可以让我们穿越到连接过去的通道被开启之前。这意味着，如果我们想像科幻小说里那样，穿越去看遥远的历史事件或目击恐龙，我们只能寄希望于某个外星文明在很久以前就开始运行一台时间机器了——再怎么往好处说，这也只能是一个不太可能的愿景。

---

4. UK' s heritage industry，在一些历史建筑或历史事件发生地点，会贴有面向公众做介绍的小牌子，写着历史上发生了什么。

这种穿越时空的限制既适用于数据，也适用于人，不过也有一些方法，虽然无法让人穿越，但可以把信息送回过去。

第7章 如何对过去喊话

也许对美国人来说，莫扎特的第 40 号交响曲算不上是什么“信息”。

——贡特·尼姆兹（Günter Nimtz）

1995 年，在美国犹他州雪鸟滑雪场的一次会议上，从工程师转行成物理学家的贡特·尼姆兹在穿越时空的话题上引起了轩然大波。会议的主题是超光速传输：让光的传播速度超过 30 万千米 / 秒的极限速度。人们一度认为，这只有在无信息被传输的情况下才有可能实现。尼姆兹拿出他儿子的破旧随身听并宣称："我们的同事保证过，他们的实验不会危及因果关系。他们说，超光速传输信息是不可能的[1]。但我想让你听点东西，"然后播放了音质很糟的莫扎特第 40 号交响曲，"莫扎特已经用四倍于光速的速度传播了。我相信你们会接受这种说法：它形成了一种信号，一个穿越回过去的信号。"

1. 在爱因斯坦理论中，宇宙中信息和能量传播速度的上限就是光速。虽然存在超过光速的现象，但它们都无法传递信息。

这一事实在物理学上是无可置疑的：一个比光速更快的信号可以穿越回过去，同时，这个录音确实以超过四倍光速的速度传输信息。时至今日，尼姆兹的说法仍有争议，但是，还有另外两个物理过程，可以通过量子纠缠和穿越回过去的波实现瞬时通信。

受抑全内反射

尼姆兹的超高速音乐背后的机制是在牛顿时期已知的一个过程，尽管牛顿无法解释它。因为没有量子物理学，就没有办法理解这种被称为“受抑全内反射”（frustrated total internal reflection，FTIR）的效应。举个例子，普通的全内反射（TIR）是一种允许光通过光纤电缆而不溢出的机制。当光线用一种较小的角度击中两种介质之间的边界时，就会产生这种效应。如果光在它目前所在的介质中的速度比在另一种介质中的速度慢，而且角度较小，所有的光就都会反射回来。

一个典型的例子是玻璃棱镜内部。通常，通过棱镜的一束光会从棱镜中反射出来并在外部空气中继续传播。但是，光在空气中的传播速度比在玻璃中快——如果它以适当小的角度击中二者的边界，它就会反射回棱镜中。牛顿和其他人所观察到的是，如果再拿一个棱镜，将它沿着形成边界的边缘，背对背地与前一个棱镜放在一起，那就不是所有的光都会被反射出来，有一些会进入第二个棱镜。也就是说，出于某些原因，增加一个棱镜，且保证它不接触第一个棱镜，这一举动改变了光的特性。

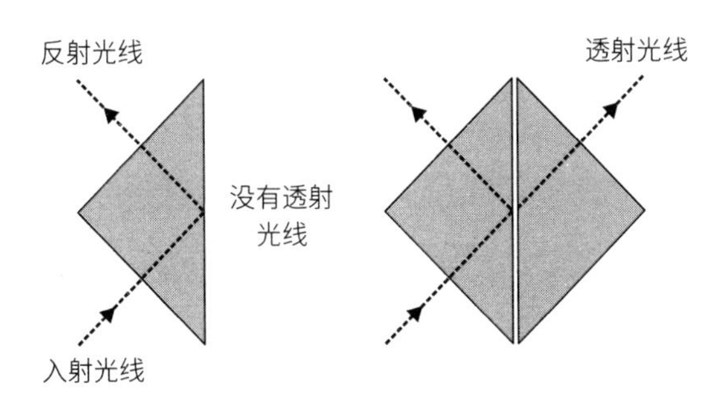

图 7—1　量子隧穿现象

牛顿认为这可能与棱镜的部分接触有关，他的错误在意料之内，因为真正的原因是一种被称为“量子隧穿”（quantum tunnelling）的现象。量子粒子（比如原子，或光中的光子）除了在与其他粒子相互作用的时刻外，并没有一个固定的位置，只有在一定地点范围内被发现的一系列概率。如果有一个阻止粒子前进的障碍物，那么量子粒子会有很小的概率实际出现在障碍物的另一边。虽然这被称为量子隧穿，但这个名字有误导性。粒子不是像穿越隧道一样穿到另一边的。它出现在另一边，在任何时刻都不曾“逗留”在中间的空间。（最近的研究表明，隧穿可能涉及一个非常短的时间间隔，不过这不会带来什么不同。）

在玻璃之间的间隔不超过十万分之一英寸（1 英寸 =2.54 厘米）的情况下，落在第一块玻璃外侧表面上的光，会穿过该表面，穿过玻璃之间的空气或真空，进入第二块玻璃。

——牛顿

隧穿现象经常发生。比如，闪存会用到它，使数据能够在没有电流的情况下保存在记忆卡和固态硬盘中。同时，它对太阳的运行也十分重要。我们这个友好的恒星邻居通过核聚变过程（将较小的原子变成较大的原子）释放能量。不过，准确地说，核聚变是通过离子（由于失去电子而带电的原子）运作的。离子互相间强烈排斥，以至于单靠太阳的引力和压力无法让它们足够接近对方，直到可以进行核聚变的程度。因为量子隧穿意味着离子可以跳过它们自身排斥的障碍，达到足以发生融合的距离，才可能发生核聚变。

尽管量子隧穿可以越过强大的阻碍，但它只在短距离内才有效。只有当一对棱镜靠得很近时，光束中的一些光子才会跳过间隙，出现在第二个棱镜中。然而，有趣的不是距离，而是时间。如上所述，粒子在屏障之间几乎没有花费任何时间，它是瞬间出现在了另一侧——这是突破光速限制的关键所在。

想象一下：一个光子在第一个棱镜中、间隙中、第二个棱镜中穿过同等的距离。考虑到它穿过间隙不需要时间，那么，它穿过这三段距离所用的时间将等于穿过其中两段所用的时间——相当于它以正常速度的1.5倍行进。在尼姆兹的实验中，光子的速度大约是光速的四倍。他用到了微波以及亚克力棱镜，而不是普通的可见光以及玻璃，在其他例子中，有人用过另一种隧穿现象——“小范围波导”（undersized waveguides），但其原理是相同的。

量子隧穿现象无时无刻不在发生，事实上，它是太阳能够发光的原因。

——吉姆·艾尔-哈利利（Jim Al-Khalili）

这种传输信息到过去的能力会改变世界吗？不会。不是所有的物理学家都认可这些超光速实验确实涉及了真正的超光速传播，他们认为这更像是赛跑的人在终点前倾斜身体去碰那条丝带。此时，赛跑者的速度显然变快了一点，但这是由于他们改变了身形。同样地，他们认为是光子的波状性质被扭曲了，而不是它们运动得更快了。但即使是像尼姆兹这样相信超光速实验涉及的信息比光速传播得更快的人，也承认这其中时间改变得太少了，无法产生任何作用。

是量子粒子的反常特性让超光速实验展示了这样的效果——不过，它并不是量子粒子的反常特性颠覆时间的唯一方式。另一种颠覆时间的可能性在一种最基本的量子过程（quantum process）中显现：量子纠缠。

任何对现实的合理定义都不会允许这种事情（量子纠缠实现瞬时通信）发生。

——爱因斯坦

鲍里斯·波多尔斯基（Boris Podolsky）

内森·罗森（Nathan Rosen）

弗兰肯斯坦效应

“量子纠缠”（Quantum entanglement）产生于爱因斯坦最后一次也是最伟大的一次推翻量子物理学的尝试。爱因斯坦这个名字在关于时间旅行的物理学中经常出现，不过在这里，他恰恰想达成他所成就的反面。

在最初，爱因斯坦是量子理论的创始人之一。第一个提出量子这个概念的是马克斯·普朗克（Max Planck），他只把这个概念当成一种驾驭数字的数学技巧，而不相信它与现实有关联。光是量子理论的基础，在那时之前，光一直被坚定地认为是一种波，或是由光子组成的粒子流。爱因斯坦意识到，如果量子理论是真的，它将为 20 世纪初的物理学之谜——光电效应——提供一个解释。

这种效应也是太阳能电池的原理：入射光线将电子从材料中撞出，这产生了电流。如果光是一种波，你只要调高振幅（使光更亮），就会撞出更多电子。然而，实际发生的情况是，某一些颜色的光不管有多亮，都不会起作用。只有高能量的光才能触发光电效应。举例来说，蓝光可以产生电流，但红光不能，不管它有多亮。

爱因斯坦阐明，如果光是粒子流而不是波，就可以理解这种现象了：每一个单独的光粒子负责击出对应的电子。这样一来，效果将取决于光的粒子的能量，而不是有多少个粒子。爱因斯坦解释光电效应的论文为他赢得了诺贝尔奖，他也因此打开了量子理论的潘多拉盒子。

爱因斯坦的量子物理学语录

爱因斯坦是创造“金句”的行家。以下是他反对量子理论的五句名言，其中大部分都引自他与朋友——量子理论家马克斯·博恩（Max Born）的信件。

“一个暴露在辐射下的电子竟然可以按它的自由意志去选择，不仅可以选择它跳跃的时间，还可以选择跳跃的方向。我无法接受这种想法。假如是这样的话，那我宁愿做一个鞋匠，甚至做一个博彩公司的雇员，也不愿意做一名物理学家。”

“这个理论讲了一大通，也没让我们更接近那个老问题的谜底。我无论如何都确定、一定以及肯定，上帝不会掷骰子。”

“量子力学听起来确实挺像那回事儿的。但我内心的声音告诉我，它不是真的。”

“这种想法可以说是相当草率了，为此，我必须恭敬地扇你一巴掌，请你清醒过来。”

“这个理论让我想起了极其聪明的偏执狂——那个由不连贯的思想部件捏合而成的妄想系统。”

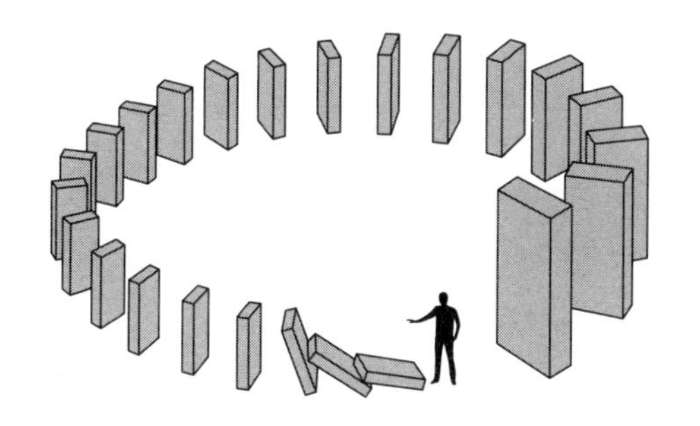

图 7—2　两个量子粒子间的相互作用锁定其固定位置

对爱因斯坦来说，不幸的是，随着理论的发展（尤其是尼尔斯·玻尔、埃尔温·薛定谔、维尔纳·海森堡和马克斯·博恩等年轻物理学家的工作），它偏离了爱因斯坦认为的物理学最至关重要的特质：对世界纯粹的、准确的反映。具体而言，它表明当一个量子粒子没有与另一个量子粒子相互作用时，它没有固定位置，只有一些存在于不同位置的概率，直到有一个相互作用将其锁定。爱因斯坦讨厌量子理论的这种概率性质，他批评“上帝会掷骰子”这种观点。这有点像“试图摧毁自己的创造”的弗兰肯斯坦，爱因斯坦也试图破坏量子理论。

鬼魅一般的超距作用

1935 年，在多个试图找到量子物理学缺陷的小型尝试（通常看起来是在挑战尼尔斯·玻尔，但被玻尔轻易击败）之后，爱因斯坦在两位年轻的物理学家——鲍里斯·波多尔斯基（Boris Podolsky）和内森·罗森（Nathan Rosen）的帮助下发表了一篇论文，他认为这篇论文证明了量子物理学存在致命的缺陷。

这篇名为《量子力学对物理现实的描述可以被认为是完整的吗？》(Can Quantum-Mechanical Description of Physical Reality be Considered Complete？)的论文被称为“EPR”，即其作者的首字母。论文描述了一对一起产生的粒子是如何在其中一个被观测到之前，分离到相当远的距离的。根据量子理论，这些粒子不会有特定的属性数值，比如位置、动量或自旋数值，直到其中一个粒子的属性被测量：在这一刻，物理定律将使另一个粒子也同时拥有固定的属性值。如果量子理论是正确的，则信息必然瞬间从一个粒子传递到了另一个粒子，无论它们相距多远。这就是爱因斯坦所说的“鬼魅一般的超距作用”（spükhafte Fernwirkungen）。

对爱因斯坦来说，这证明了量子理论是有缺陷的。论文得意扬扬地做出结论：“任何对现实的合理定义都不会允许这种事情发生。”要么量子理论是错误的，要么两个事物在任何距离上的瞬时通信是可能的。在当时，这不算一个实验。直到 20 世纪 60 年代，人们才成功设计出能测试上述理论结果的实验。到 20 世纪 70 年代，结果已经很清楚了，而且直到今天也没被推翻。爱因斯坦错了。纠缠的量子粒子之间的远程瞬时联系确实发生了。

这种瞬时通信将会非常有用。使用在线会议软件时，通信延迟会令人恼火，也会减慢计算机的运行速度，还使信息传递到太阳系其他地方非常困难。例如，根据行星间的相对位置，一条信息从地球传到火星可能需要 20 分钟。在我们最关心的方面，瞬时通信的重要性还远不止如此，因为它让信息传回过去成为可能。

光速下的通信时间		
节点	距离	时间
纽约到伦敦	5567 千米	0.019 秒
地球到月球	384400 千米	1.28 秒
地球到火星（最短距离）	54600000 千米	3 分 2 秒
地球到火星（最远距离）	401000000 千米	22 分 16 秒
地球到木星（最短距离）	588000000 千米	32 分 40 秒
地球到木星（最远距离）	968000000 千米	53 分 46 秒
地球到比邻星（距太阳最近的行星）	4.24 光年	4.24 年

第 4 章讲过，相对论使到未来的时间旅行成为可能。如果一艘宇宙飞船高速匀速地飞离地球，那么从地球的角度看，飞船上的时间流逝得更慢。一条从地球发出的信息，如果瞬间发送到飞船上，就会在它被发送之前就到达。这种情况是对称的（记住，只有当飞船加速而不是匀速时，对称性才会被打破）。所以，从

飞船的角度来看，地球上的时间流逝较慢。这意味着，如果飞船能将信息即时转发回地球，它又会在第一次信息发送之前到达地球——它将穿越回过去。量子纠缠不能帮助人类回到过去，但它似乎可以提供一种将信息发送到过去的机制。嘿，谁来告诉我一下明天的彩票开奖结果？

就做个美梦而已！现在回到现实，有一个问题。几十年来，人们一直试图想出一些投机取巧的办法，但没人曾成功设计出一种利用量子纠缠来发送信息的机制。有一些方法涉及了可发送信息的量子纠缠，但它们都包含了至少一个用到传统的光速通信的阶段。就其本身而言，量子纠缠确实能够即时传递些什么，但它们无法受控，是完全随机的。

要知道为什么会这样，想想最简单的纠缠，即量子粒子的一种属性，名叫“自旋”（在量子物理学中，自旋 spin 与自转 rotating 无关）。当测量一个粒子的自旋时，只会有两种结果：向上或向下。如果我保留一对纠缠的粒子中的一个，然后把另一个送到很远的地方，那么，当我查看我的这颗粒子并发现它的自旋是在向上的方向时，称为自旋向上，则另一个粒子将会立即变成自旋向下。这个自旋属性看起来似乎可以发送二进制的信息，因为二进制只需要两个数，一般用 0 和 1 来表示。但我没有办法控制结果。我可以提前知道上旋或下旋的概率是多少，但没办法强制出一个特定结果。

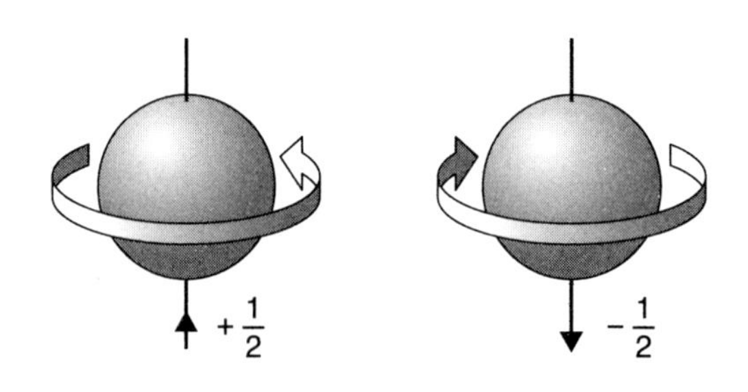

图 7—3　近处的纠缠的粒子与远处的纠缠的粒子

传输一个随机的数值并非是完全没有用的。对数据加密来说，它会非常有用。纠缠是分发加密密钥的理想选择，因为在进行测量之前，数值并不存在。同样，纠缠使一种叫作“量子遥传”（quantum teleportation）的过程成为可能，这个过程会将一个粒子的量子特性转移到另一个粒子上[2]，有点儿像《星际迷航》中

2. 量子遥传是一种传输量子到任何距离的技术，被认为可以实现“超时空传输”。

的传送机[3]的微型版本。这个过程在量子计算机中非常有用，不过不是用于通信，因为它还需要传输标准的、以光速传递的信息。

穿越回过去的波

让人失望的是，虽然纠缠确实可以实现瞬时通信，但无法用它来发送信息。让我们看看另一种可能性，它依赖于电磁学中一种允许光穿越回过去的怪异现象。这个现象的观察研究在爱因斯坦之前，要追溯到他的偶像之一——苏格兰物理学家麦克斯韦。第 1 章讲过，是他发现了光是一种电磁波（electromagnetic wave）。

当麦克斯韦方程式用来描述电磁波时，方程拥有的不是一个解，而是两种可能性。其中一个马上被抛到脑后了，因为它预测超前波（advanced waves）能穿越回过去。根据数学计算，当一个光波从 A 去到 B 时，一个超前波会从 B 回到 A，它会在正常波［被称为“滞后波”（retarded wave）］到达 B 时出发，并

3. Transporter，最初设计用于传送货物和科学仪器，也可以传送生命。在生命传送机的控制室中，在操作人员喊出“Energize”口令后，位于控制室中的人会分解成粒子并从控制室中消失，而后在目的地以粒子的形式慢慢出现，最终完整复现出人体。

穿越回过去，从而在到达 A 时，时间刚好是滞后波出发的时间。

这些比较奇怪的波在维多利亚时代的物理学中曾被讨论过：超前波被无视了，虽然没什么理由这样做，除了它们看起来有些异常。而量子理论的两位领军人物——美国物理学家约翰·惠勒和理查德·费曼（Richard Feynman）认为，存在一种超前波（或至少是光子）会被间接探测到的情况。

光通常是在电子改变原子周围的能级（energy level）时产生的。电子以光子的形式失去能量。光子没有质量，但有动量，当一个光子被放出时，原子会反冲（recoil），就像正在发射子弹的枪一样。在此过程中，原子的电磁场再次作用于它自身，如此反复，造成了一种螺旋式不断重复的相互作用。

> 无论是去往过去还是未来，相互作用定律都会发挥作用。
>
> ——理查德·费曼

惠勒和费曼认为，在这一过程中涉及的不是一个光子，而是两个。一个普通的光子离开原子，在时间上向前移动，而另一个光子则从第一个光子被吸收之后开始穿越到过去回到原子，并引发反冲。这个穿越回过去的光子就是量子版本的超前波，而且在这种说法中，因为第二个光子引发的反冲，避免了“反冲是原子本身产生的光子引发的”这种假设所产生的自作用（self-interaction）。

这为这种难题提供了一种优雅的解决假说，并且和我们所观察到的现象也没什么出入。但它有一个古怪之处——它只有在原子产生的（第一个）光子被吸收的情况下才有效。在这种（被吸收的）相互作用发生之前过去了多长时间并不重要，因为超前波的光子会穿越回过去。

这为瞬间通信设备（也是时间旅行装置）打开了一个小小的窗口。让我们想象在空间中的某个方向上，不存在任何会吸收所有发射到那儿的光子的物质。如果惠勒和费曼的理论是真实的，那就说明一个光子只有在最终能被吸收的情况下才能离开产生它的原子。那么，一束指向那个方向的准直光束（collimated beam，在空间中传播时不会发散得太广的光），就根本无法发射出来。

继续想象，把一艘宇宙飞船朝那个方向开出一段距离，然后在空间中铺一块巨大的吸收光线的毯子。一旦光束到达毯子，它就会被加强，因为那个方向的所有光子都被吸收了。如果在此时，远处的飞船卷起毯子，然后再次展开它，就可以向光束的来源发出信号。每次移开毯子，光束的能量就会立即减少（因为超前波的光子此时无法移动回去了）。

想要把它变成一台信息的时间机器，还需要一些复杂的程序：你需要在另一个方向上得到一个即时的信息，送到地球附近的一个接收站。同时，还需要两个前提：1. 这个从未被证实过的理论是正确的；2. 知道光子向哪些方向传播不会被远处的某物质吸收。不过，尽管有这么多前提，这仍然是将信息传到过去的一种可能方式。

无论这些是否会变为现实，我们现在知道去到未来的时间旅行是可行的了。但要怎样才能让它对我们有利用价值呢？

第8章

我们需要更快的速度

如果一切尽在掌控之中，说明你迈的步子还不够大。

——马里奥·安德列第（Mario Andretti）

尽管前面说过的“旅行者号”探测器向未来旅行了 1.1 秒足够让人震撼，但这没什么用处。想要穿越数年的时间，需要远远超过“旅行者号”61000 千米 / 时的速度，当然也得超过人类所达到过的最高速度——39896 千米 / 时。想要去到数年之后的未来，需要我们达到这个速度的 1 万倍。

如此高的速度并非不可能实现，但需要一个与我们现在所用的化学动力火箭非常不同的动力源。为了理解火箭工程师所面临的困境，我们得回到基础知识。几乎所有在空间中的行进都依赖于牛顿第三运动定律，通常表述为“两个物体之间的作用力和反作用力，在同一条直线上，大小相等，方向相反”。如果你推一个物体，它也会推你。如果你扔出一个物体，它也会对你施加同等的力，不过方向相反。

寻找反作用质量

无论你使用的是传统化学动力火箭，还是更奇特的工具，飞船的推进，基本上都要靠从飞船后面推出一些东西，即所谓的“反作用质量”（reaction mass）。

这似乎是常识，但在火箭早期刚被发明时，许多人并没有理解这一原理。当美国火箭先驱罗伯特·戈达德（Robert Goddard）提议在太空中使用火箭时，他被《纽约时报》嘲笑了。1920年，在为史密斯森学会（Smithsonian Institution，SI）撰写的一篇论文中，戈达德提议使用火箭登月。这引起了媒体的极大关注，但《纽约时报》却犯了一个很大的错误，它评论道：

戈达德教授身为克拉克学院的主席，同时还有着史密斯森学会的支持，竟然不知道作用力与反作用力的关系，不知道在真空中，反作用力无所凭依，这太荒唐了。当然啦，他缺乏的只是中学里每天都讲的那点儿知识而已！

那篇社论的作者其实假定了牛顿第三定律需要空间内存在一些东西（如空气）去推动。但实际上，发动机推出燃料，继而燃料推动发动机，使得它（与火箭一起）前进。这样的发动机需要大量的燃料，因为是燃料排出的动量（momentum）推动了飞船前进——而动量只是质量乘以速度（velocity）。你需要排出相当多的质量来达到足够的速度。但是，这些质量在被排出之前，是飞船的一部分。所以，有大量的能量最初被浪费在加速尚未使用的燃料上。

这就是为什么我们会看到运载卫星和航天员进入太空的火箭有多级飞行阶段——这差不多可以算是携带足够燃料飞离地球的唯一方法，因为必须要脱离地球的引力。即使宇宙飞船可以在太空中再次补充燃料（想要让飞船进行时间旅行，这是必不可少的），燃料依然是一个亟待解决的问题。或者说，是燃料和反作用质量的双重问题。

图 8—1　反作用力助推火箭飞行

燃料提供能量，将物质从火箭的后面推出，反作用质量就是被推到后面的物质，同时产生了牛顿第三定律中的作用和反作用。在化学火箭中，燃料既产生能量，又以燃烧时产生气体这种形式提供反作用质量。但在其他形态的空间发动机中，这两个要素是完全分开的。

启用离子推进器

目前，化学火箭最常见的选择是离子推进器（ion thruster），它利用电磁能（小到电池，大到核能资源都可以产生电磁能）来推出反作用质量。在这里，反作用质量是由离子（物质的带电粒子）组成的。由于离子是带电的，它们可以被电场加速，离开飞船，从而产生推力。

这种发动机产生的推力相对较小，但可以持续非常长的时间。到目前为止，它们大多被用于小规模的巡航修正，但如果有足够的功率，以及电离产生的反作用质量，它们可以在很长一段时间内持续加速飞船，直到超过目前已经达到的最高速度。离子推进器比起化学火箭，可以以更高的速度推出反作用质量，这意味着它可以用更少的质量来达到同等的效果。

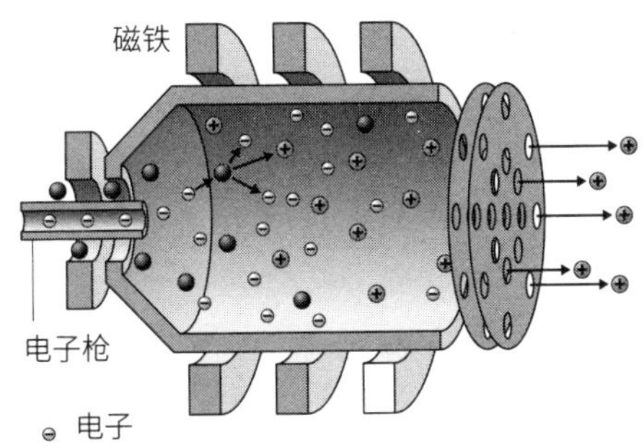

图 8—2　离子推进器

大体上，为了获得足够快的速度使时间膨胀（time dilation），来完成时间旅行，所面临的问题可以归结为如何获得更大的能量。我们知道，能量是宇宙中守恒的东西之一。你可能记得在学校里学到的，一个运动物体的能量是 $1/2mv^2$，其中 m 是物体的质量，v 是速度。我们来粗略计算一下让一艘时间旅行飞船达到合适的速度所需的能量。我们的目标是 $0.9c$，也就是光速的 90%。这能让时间旅行者经过 8.7 年的时间，就能去到 20 年后的未来，也就是一次前进了 11.3 年的时间旅行！这种计算使用科学计数法（scientific notation），其中 10^n 表示 10 的 n 次方。例如，100 万等于 10^6。

用于将乘客送往国际空间站的“龙飞船 2 号”（Dragon 2 capsule）满载的质量约为 16000 千克。0.9c 即 2.7×10^8 米 / 秒。所需能量（$1/2mv^2$）为 $1/2\times16000\times2.7\times10^8\times2.7\times10^8$ 焦耳即 5.83×10^{20} 焦耳。

比较起来，美国一年的总耗电量约为 1.5×10^{16} 焦耳。我们的时间旅行飞船将需要相当于美国 39000 年所需的电力消耗。

但现实情况比上面的计算结果还要更糟，因为没有百分百效率的发动机，不是所有产生的能量都能用来推进飞船，有一些能量会产生热量和振动。“阿波罗计划”[1] 中的“土星 5 号”运载火箭（Saturn V）的发动机效率为 6% 到 12%，其余的能量都被浪费了。相比之下，离子推进器的效率可高达 80%，不过这还是意味着我们需要比粗略的计算结果更多的能量。

让时间旅行成为可能的物理学原理中还有一个小问题：狭义相对论不仅对时间的流逝有影响，它还影响物体的质量。物

1. Apollo missions，NASA 从 1961—1972 年执行了一系列载人航天任务，1969 年，“阿波罗 11 号”宇宙飞船达成了上述目标，阿姆斯特朗成为第一个踏足月球表面的人类。

体移动得越快，它的质量就越大。因此，前面的牛顿动能公式（The Newtonian formulation for kinetic energy）不再适用于接近光速移动的物体了，它需要调整一下。我们实际所需的能量可能接近 1.9×10^{21} 焦耳。

重要的是要认识到，物理学至今还没有让我们明白能量究竟是什么。

——理查德·费曼

能量密度

乍一看，产生这么多能量似乎是不可能实现的任务。实际上，也确实是这样。假如你用的是传统的火箭，这其中的关键因素是能量密度（Energy density），即燃料中含有多少能量。现存最大的化学火箭使用的是液态氢。每千克氢气含有约 1.4×10^{8} 焦耳的能量。但实际情况没有这么简单，还要考虑到燃料升温会损失一些热量，更大的问题是，你不能只是让氢气自己燃烧，燃烧还需要氧气。所以你需要装载更大质量的氧气来燃烧你的氢气。在后面的表格中，“实际质量”一栏（第四列）包括了装载的氧气质量以及能量损耗所需的额外质量，但请注意，这只是推进飞船所需的燃料，还不含推进燃料自身所需的燃料，而且也不包含让飞船掉头返回的额外能量。

比较五种时间旅行飞船的燃料				
燃料	能量密度（焦耳 / 千克）	旅行所需的净质量（千克）	旅行所需的实际质量（千克）	飞船质量的倍数
煤油	4.3×10^{7}	4.4×10^{13}	3×10^{14}	1.9×10^{11}
液态氢	1.4×10^{8}	1.4×10^{13}	2.5×10^{14}	1.5×10^{11}
铀	8.1×10^{13}	2.4×10^{7}	4.8×10^{7}	3000
氘	5.8×10^{14}	3.3×10^{6}	6.6×10^{6}	400
反物质	1.8×10^{17}	1.1×10^{3}	4.4×10^{3}	0.36

煤油作为喷气式飞机的燃料，具有惊人的高能量密度，明显高于具有爆炸性的三硝基甲苯（这也是为什么 2001 年美国双子塔的撞机事件有如此大的影响）。三硝基甲苯爆炸的动静更大，那只是因为它燃烧得更快而已。但在我们的情况中，显然煤油和

液态氢都不可行，因为这些燃料的质量将会远远大于飞船的质量，这样使加速飞船与燃料的质量总和变得非常困难。

铀反应堆可用于为离子驱动装置发电，而氘（氢的同位素）原则上可通过核聚变（为太阳提供能量的物理过程）来提供额外的能量。不过，需要指出的是，经过了 50 年的努力，我们还是没能建立一个可用的核聚变发电站。

爱因斯坦的奇妙方程

在实际操作中，唯一现实一点儿的燃料可能是反物质（antimatter）。《星际迷航》的粉丝们听到这话肯定会很高兴，尽管没有涉及“二锂晶体”[2]。反物质是一种物质的形式，其原子中粒子的电荷与正常的粒子是相反的。反物质有带正电的正电子，而不是普通的电子。反物质的原子核中，带负电的反质子取代带正电的质子[3]。（再说个把你搞糊涂的事儿，中子，通常是电中性的，也

2. dilithium crystals，《星际迷航》中发明的材料。在最初的系列中，二锂晶体很少见且无法复制，所以经常出现搜索这种物体的故事情节。

3. 简单来说，反物质的电荷等性质与正常物质相反，质量等其他各属性都相同。光子的反物质就是其自身。

有对应的反粒子，它的各属性也是和正常粒子相反的[4]。）

丹·布朗（Dan Brown）的《天使与魔鬼》（*Angels and Demons*）一书的读者知道，当反物质与正常物质接触时，两种粒子中的质量会完全转化为能量——这一过程被称为湮灭（annihilation）——这可以为飞船提供动力。通过质量与能量关系的方程式 $E=mc^2$ 可以发现，相对较少的反物质会产生大量的能量。

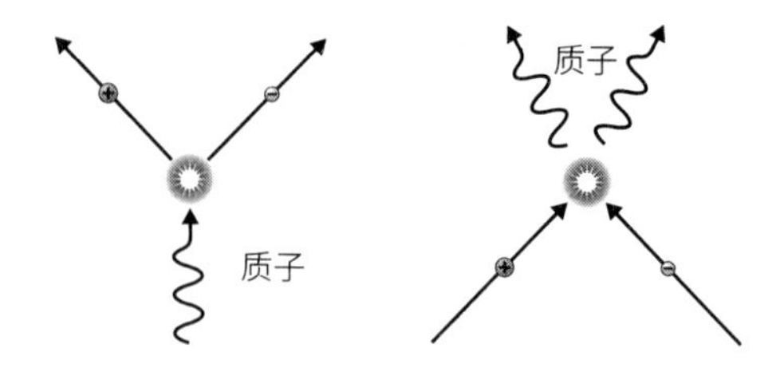

图 8—3　正反物质粒子的产生与湮灭

假如你看到一个反物质版本的“自己”跑过来，在拥抱他之前请三思。

——理查德·戈特（Richard Gott）

反物质已经制造出来了，但从这儿开始，可能就要从现实

4. 反中子，antineutron，不带电荷，由三个反夸克所构成。

转向虚构了。反物质的产量非常小，每年只能产不到百万分之一克。生产反物质的技术通常涉及使用高功率激光器将电子轰入原子核，或使用粒子加速器将粒子击碎。这些碰撞会产生极高能量的光子，而它们又可以产生物质 / 反物质的粒子对。

反物质粒子需要被迅速分离和储存，因为一旦它们重新与物质接触，就会发生湮灭。虽然产生反原子是完全可能的，但大部分被捕获的反物质还是带电的粒子，因为可以用电场和磁场来使它们远离正常物质，从而捕获它们。这类的储存在飞船上也必须继续进行。

毫无疑问，反物质的生产过程可以优化（目前的大部分生产是副产品，而不是我们想要的东西）。然而，要想生产出我们需要的那么庞大的数量，得花很大的功夫，而且不要忘了，要是没有关好它们，将会释放出来多少能量！针对它来制定的安全保障协议，简直让核武器都显得小儿科了。

当我们开始挖掘细节时，事情会变得更加复杂。反物质以光子的形式产生能量，这些能量需要被转化为可用于驱动飞船的东西。可以把它用于发电（这种方法需要反作用的质量被电场加速）。或者，光能可以加热推进剂（propellant），以传统的方式将其从后方喷射出去。

另一个大问题是，上述所有的计算都是针对单程旅行的。我们已经研究了达到适当速度所需的能量。但是如果飞船不飞回来，研究如何让飞船和地球出现时间差也就没意义了。因此，需要让飞船减速停止、掉头、再次加速到接近光速，然后在地球附近减速。

假如用最浪费的方式进行上述过程，我们需要四倍多的能源。然而，借鉴电动汽车的经验，有一个变通办法。混合动力汽车和电动汽车利用制动的动能来发电，为电池充电。同样，应该可以在时间旅行飞船减速时储存一些动能，在回程时再重新使用它们。这不是一件小事，比如，如果我们考虑将动能作为反物质储存起来，就需要有一种全新的方法来生产这种物质，尽管目前的方法太慢，而且占用太多的空间，但这在原则上是可以做到的。

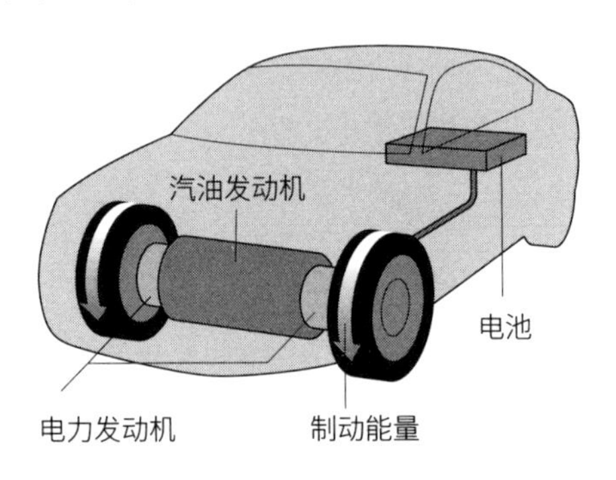

图 8—4　利用制动的动能发电

摆脱燃料携带

当我们考虑其他缓解我们困境的因素时，有两种方法可以减少携带的燃料质量。第一种是在其他地方“加油”，将能量传输到船上。能量传输是 20 世纪初有远见的（你也可以说他这个人不太正常）发明家尼古拉·特斯拉（Nikola Tesla）的梦想。

特斯拉对我们当今社会最大的贡献是在交流电的电气工程上，但他痴迷于电能的传输，还因为在这一方面的投入而损失了一大笔钱。他的那些尝试太不切实际了。不过，我们获得了一个来自太阳的电磁能量发射到地球的好例子。

除了来自地球内部热量的一点少量的能量外，所有维持地球上生命的能量都（以光的形式，即电磁辐射）来自太阳。宇宙飞船可以通过两种方式利用光。其一，通过光压可以产生少量的加速度。虽然光没有质量，但它有动量，可以给飞船带来推动力。这需要巨大的帆。不过，把这些帆做成光电池，将光能转化为可用的电力，是更有效的利用光能的方法。

光能辅助飞船也不限于利用太阳所能提供的能量。我们有办法在激光器中创造一束比太阳光更集中的能量光束。激光器依赖于爱因斯坦所构想的一种效应：辐射的受激发射（stimulated emission）。我们讲过，当一个电子在原子中下降一个能级时，就会产生光。在激光器中，光子首先升高电子的能量，而后，电子在被光子撞击而下降能级时，又会产生出更多的光子。由此产生的光束是“相干的”（coherent）：意味着光子的一种被称为“相位”（phase）的属性在逐步改变，使光不会轻易分散（disperse）。

由无线传输的电力驱动的飞船和飞行器在 10 年之后就不会是什么新鲜事儿了。

——尼古拉·特斯拉

通过在太空中或没有空气的行星和卫星上放置巨大的激光器，可以喷射出额外的能量，从而使飞船不必装载燃料也能加速。虽然这种技术的可能性相对较低，但人们仍在认真地考虑。2016 年，一个名为“突破计划”（Breakthrough Initiatives）的组织宣布了一项 1 亿美元的技术资助计划，用来研究如何利用激光器和光帆将微型航天器加速到 0.2c。其目的不是时间旅行，而是设法让微型探测器去邻近的行星——半人马座阿尔法星（Alpha Centauri），这个旅程将会长达 20 年左右。这个“突破摄星”（Breakthrough Starshot）项目可能研发出一种对时间旅行有用的技术。

一千亿瓦的激光可以被整个星系看到，它会比太阳还要亮。

——彼得・克鲁帕（Peter Klupar）

不过，即使时间旅行飞船可以依靠太阳光产生的电能，它仍然需要离子作为反作用质量，这就轮到我们说过的第二种不用携带燃料的方法了。因为空间并不是空的。

太空中存在着自由飘浮的气体和尘埃。用合适的收集器带电去吸引离子，应该可以在飞船行驶过程中收集一些反作用质量，也就可以在飞船上少携带一些了。另外，也可以使用某种特定类型的推进系统（propulsion system），比如核聚变引擎，它可以同时收集燃料和反作用质量，因为太空中最常见的物质就是氢。

巴萨德冲压发动机

迄今为止，巴萨德冲压发动机可以算作从宇宙中收集燃料和反作用质量的最佳选择，它可以追溯到 1960 年，由物理学家罗伯特·布萨德（Robert Bussard）设计。他想利用电磁，从飞船前方的空间中吸引带电氢离子。布萨德提议的这种机制只有在飞船使用常规手段进行了初始加速后才能起作用。飞船在太空中的运动将用来压缩前方进入的氢气，使得核聚变过程相对比较容易开始。核聚变将产生持续的能量流，为飞船提供动力，并把废料变成反作用质量。这是一个很好的想法，但太空中许多区域可能没有足够的氢气，而且，在地球上进行核聚变反应已被证明是非常困难的，在宇宙飞船的狭小空间中就更难了。

在高速下保证安全

时间旅行飞船设计师的最后一个障碍，就是如何在极端的速度下驾驶并保证安全。与行星和卫星这样的大物体错开并不困难，它们的位置是已知的，躲避它们相对比较容易。小行星也不会像科幻电影中表现的那样棘手。在电影中，飞船通过小行星带，在大块岩石之间穿梭，是要求驾驶者拥有钢铁般的意志和机敏的反应能力的。但在现实中，我们的小行星带远没有那么拥挤：小行星通常相距约 100 万千米，无论怎么走，都可以规划出安全的路线。

> 实际上，即使只是尝试去靠近一颗小行星，也需要极大的努力。
>
> ——布莱恩·科贝尔莱恩（Brian Koberlein）

问题其实更多在于小东西——那些可能提供反作用质量的东西。在那种速度下，一粒尘埃可以视最坚硬的金属如无物，轻易地炸开它并冲过去。更糟糕的是，当物质与如此巨大的能量相撞时，会产生致命的电磁辐射。我们的时间旅行者将需要某种保护屏障。理想情况下，它会是科幻小说家最喜欢的一样东西：一个力场（force field），但在一般意义上，这种事物并不存在。不过，还是有可能用一个强大的电磁场来击退粒子。很明显，这种东西以及传统的保护性盔甲都是必备的。

在以狭义相对论为理论基础的时间旅行中，最可怕的危险存在于细节中。假说是有可行性的，但要让它实际可操作却远非易事。在我写这篇文章的时候，人们对载人的火星探索又重新燃起了兴趣。它是有希望实现的，但那些认为在短期内就能做到的人，忽略了登陆火星比登月的挑战性要大很多。与登月所需的几天时间不同，登陆火星可能需要六个月的时间。这提高了维持航天员生命以及保护他免受太阳辐射损伤的难度，而对时间飞船的要求比去火星的要求还要高。

不过，从长远来看，这些困难并非不可克服。人类在地球上已经存在了大约 20 万年。在这段时间中，我们实现飞行已经有大约 120 年，实现去到宇宙中的另一个天体已经有大概 50 年左右。技术在发展，我们的能力也在发展。假如单单想把实验目的的小型探测器送入未来，那会容易很多，但除去测试该项技术之外，它的用处实在有限。因为任何人都可以将一个物体送入未来：你只需要把它藏起来，在未来让它被找到就行。时间胶囊实际上是进入未来的探测器。只有当人类能够完成这一时间的旅程时，努力才是值得的。

等待着这些时间旅行者的是什么？有无尽的可能。但我们必须牢记，和科幻小说中的故事不同，一旦去到未来就无法再回头，无法再从未来回到现在的此刻了。至少，在我们能够克服星际工程的更大挑战之前，是做不到的。

第9章

我们需要更大的时间机器

因此，我们有实验证据，证明了时空可以扭曲……也证明了它能被扭曲成时间旅行所需要的样子。

——斯蒂芬·霍金

我们已经了解到，回到过去的时间旅行要比前往未来的时间旅行所面临的问题更加棘手。尽管如此，回到过去也未必永远都不可能。大多数与此相关的设想都需要用到未来的科技，可能是几千年甚至几百万年后的技术。不过，我们在第 5 章中简单介绍过的罗纳德·马利特认为，如今应该可以在实验室中小规模演示逆时旅行的效果。

工作台上的时间旅行

受 H.G. 威尔斯的《时间机器》漫画版的启发，马利特在十几岁时就已经开始学习制造一台时间机器所需的专业知识，希望能再次见到他已故的父亲，他在马利特十岁时就去世了。

20 世纪 70 年代，马利特处于其职业生涯的早期阶段时，公开承认了对时间旅行的兴趣限制了他的职业发展。甚至连霍金在早期也对这个主题持谨慎态度。马利特先是研究激光，然后转而研究广义相对论，正如我们所看到的，广义相对论是回到过去的核心所在。

> 我尝试建造一个和《图像化经典》（*Classics Illustrated*）杂志封面上一模一样的时间机器，使用的材料是电视真空管、被丢掉的管子和其他垃圾。
>
> ——罗纳德·马利特

在得到教职时，马利特已经意识到建造一台时间机器回到 20 世纪 50 年代是不可能的，但这并没有让他忘记初心给他的动力，他继续推动实验性时间旅行装置的开发，尽管媒体对他的曝光让他不得不花很多时间在讲述观点，而不是实际工作上。

马利特的关键想法是（这种想法至今仍有争议性），虽然在实验室里利用大质量物体进行时空扭曲（spacetime warping）

是不太现实的，但有可能利用激光环实现小型的类似效应。他已经发表了关于这些理论上的装置细节的文章。在这些装置中，激光被射入一些密集的环形通道中，形成了一种“时间通道”（time tunnel）。它们之所以在理论上是有效的，是因为光本身会扭曲时空。

罗纳德·马利特

马利特出生在宾夕法尼亚州，成长于纽约。在空军服役一段时间后，他进入宾夕法尼亚州立大学。他的博士研究内容是广义相对论，确切地说，是在一个有扭曲空间的假想宇宙中实现时间逆转。他在工业界从事激光工作，然后转到康涅狄格大学担任物理学助理教授，这个职位在当时对美国非裔科学家来说仍然是罕见的。1998 年，他意识到广义相对论的一个重要方面：光可以产生引力场。凭借他在激光方面的专业知识，他构想到旋转的光环也可以产生出参考系拖曳的效应。尽管他一直都在向着他时间旅行的目标进行着物理学研究，但直到出版与布鲁斯·亨德森（Bruce Henderson）合写的《时间旅行者》一书前不久，他才公开表示对时间旅行感兴趣。现在，作为康涅狄格大学的名誉教授，马利特继续追寻着这个目标。

虽然光没有质量，但它有能量，而这足以使空间和时间发生扭曲，但这种影响是微小的。即使采用马利特的想法，建立一个非常高的螺旋激光塔，从塔顶向下穿过的粒子流的到达时间，也只会与正常的预期时间相差无几。设计这样一个实验充满了困难。光线不会自然地以螺旋的形式传播，而用光纤来传输又无法得到希望验证的效果。

最后，在实验物理学家钱德拉（Chandra Roychoudhuri）的帮助下，马利特设计出一个装置，其中有两千个环形激光器，围绕并反射着一个正方形的侧面，根据参考系拖曳原理，可以对通过塔的粒子产生一个可测量的效果。虽然这个实验在21世纪的第一个十年就已经被设计出来了，但由于缺少资金支持，加上马利特的退休，在我写这本书的时候，还没实际进行过这个实验。

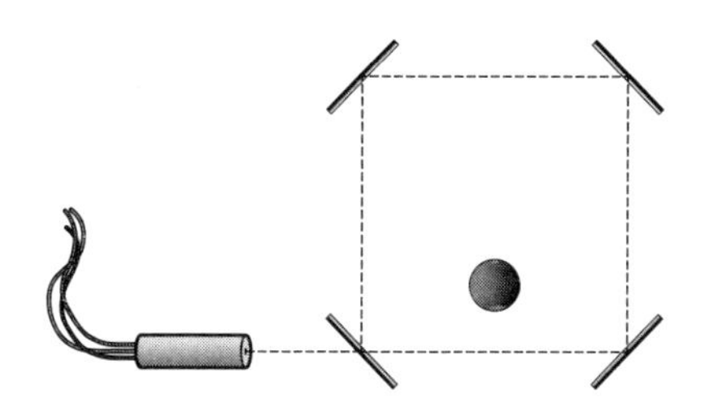

图 9—1　马利特的螺旋激光塔实验

其他物理学家则持怀疑态度，既怀疑是否有能力复原马利特理论设想的装置条件的实验，也怀疑参考系拖曳的效果是否会明显到可以检测到。验证这些猜测的最理想的方式，当然是进行实验，但是，尚不清楚它是否会得到资助。

曲速引擎的真相

大规模逆时间旅行的可能性还是来自科幻小说的另一个宠儿：曲速引擎。通常情况下，科幻故事倾向于将空间旅行和时间旅行分开。然而，时间和空间是不可分离的存在，它们相互交织为时空这个整体。当飞船接近光速时，时间就会放慢到近似静止。任何一种比光速更快的空间旅行本质上也是一种时间机器。《神秘博士》中的电话亭[1]是少数展现了这一点的虚构装置之一。

真不敢相信，纵观人类历史，我们从未能以超过光速的速度去到我们想去的地方。

——韦斯利·克拉克（Wesley Clark）

自20世纪30年代以来，曲速引擎的变体就开始出现在科幻小说中，并因《星际迷航》这部电视剧而为人所熟悉。你不能比光速更快，但没有什么能阻止空间本身被以任意速度扭曲。你可以想象一艘实际上是静止的飞船，但它前面的空间被压缩，后面的空间被拉长。那么结果就是，这艘飞船会在不突破光速障碍的情况下到达一个新的地点。

1. TARDIS，全称“时间和空间相对维度”（Time and Relative Dimension inSpace），英剧《神秘博士》中虚构的时间机器，外形为蓝色的警用电话亭。

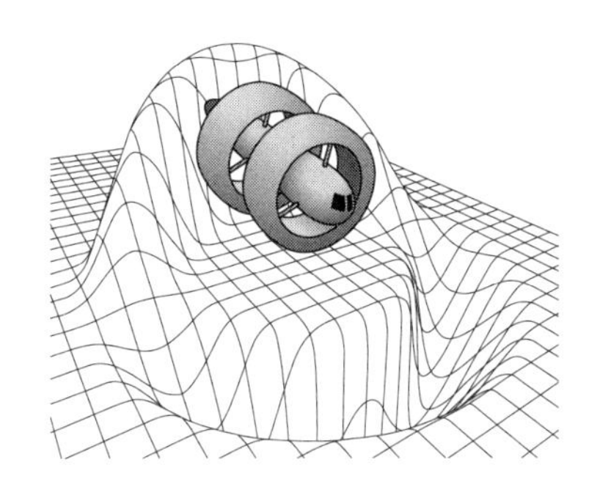

图 9—2　曲速引擎

这点子不错，但通常被认为仅存在于虚构小说中，至少在 1994 年之前是这样。在这一年，理论物理学家明戈·阿尔库贝利（Miguel Alcubierre）发明了一种在一段时期内被称为“阿尔库贝利引擎”（Alcubierre drive）的东西，如今它被简单地叫作“曲速引擎”。不过别搞混了：阿尔库贝利并没有制造出曲速引擎，尽管目前还无法真的造出它，但阿尔库贝利让我们从对制造这种引擎毫无头绪，到知道了在理论上如何实现。

阿尔库贝利居住在威尔士的卡迪夫，但他的这个想法被搬去了研究太空旅行的“老家”——NASA。2012 年，在 NASA 的一个更激进的研究前哨站里，物理学家哈罗德·怀特（Harold White）提出了建造一个真实的曲速引擎的构思。最初，在阿尔库贝利的概念中，驱动曲速引擎需要极多的能量，而怀特的修改使得（至少在原则上）以曲速（warp speed）行驶只需不到1吨的反物质所提供的能量。

然而，如何获得足够的能量来驱动飞船并不是唯一的问题。曲速引擎还需要“负能量”才能得以发挥作用。正如我们在第5章中所看到的，尽管负能量听起来让人难以置信，但却能在现实中找到例子，比如卡西米尔效应。当两块平坦的金属板在没有实际接触的情况下靠得非常近时，就可以观察到这种现象。两块金属板会相互吸引，尽管这其中并没有磁力的参与。

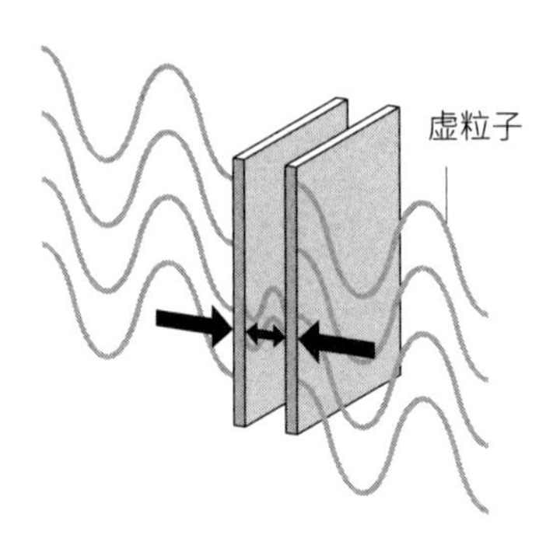

图9—3　卡西米尔效应

前面说过，量子理论表明，由于真空中的能量波动，虚粒子会非常短暂地突然出现，然后又消失。在卡西米尔效应中，由于金属板非常靠近，不会有空间让比较多的粒子忽然在其间出现。

然而，会有更多粒子在金属板之外短暂地成为实体。在此，一些粒子会在消失之前撞上板子。而这造成的结果就是，外界的压力使得板子之间产生了一种负能量。

到目前为止，还没有一种方法能制造足够多的负能量，也没办法使用它（也许永远都不可能），但至少曲速引擎显示了超光速旅行和逆时旅行的潜在可能性。NASA 已经对曲速引擎的潜力进行了认真仔细的探索，不过，其实它也并不是在遥远的未来可实现超光速旅行的唯一方式。

拉动宇宙弦

如果我们有一天能到恒星上，并且有能力与大规模星系相互作用，那么，就会出现两种逆时旅行的可能性：宇宙弦和提普勒圆柱体。我们稍后会再详说提普勒圆柱体，它的好处是，它依托于我们已知存在的东西——中子星（neutron stars），而宇宙弦理论的拥护者则是在假说上建立假说，因为没有证据表明宇宙弦是真实的。

宇宙弦与弦理论这种推测性的“万物理论”没有直接联系

（尽管有人试图将其纳入这一模型）。宇宙弦理论是 20 世纪 70 年代的一位理论家提出的，他认为量子的结构可能是在早期宇宙由于不同的自然力量相互分离而形成的。宇宙弦一方面非常薄（大约四百亿分之一米），一方面又非常长（它一定是无限长的，除非它是环形的）。宇宙弦不是由任何东西构成的，而是在引力场中因极高密度而形成的扭曲：一米长的宇宙弦将有一百万兆吨的质量。

如果宇宙弦存在（请记住它们仅仅是数学概念，没有证据存在），那么原则上，如果你能让一对宇宙弦以接近光速互相分离，然后设法绕着它们飞行，那么这些弦对时空的扭曲应该足以建立一个“封闭的时间环”（closed timelike loop）—— 一条通往过去的时间的路。

这种由数学而生的假设性概念看起来可能像是数学家的消遣玩物，而不是和现实世界有联系的事物。然而，在过去的四十年里，大量的理论物理学家把他们的时间花费在与现实只有细微联系的模型上。例如，许多人致力于研究基本特征与现实不同的模型宇宙，以使数学计算能更有效地发挥作用。

反德西特空间（Anti-de Sitter space）是一种有着负宇宙常数（cosmological constant）的空间。它在宇宙弦理论科学家中间很受欢迎，因为他们知道在这种空间中如何进行计算。问题是，在我们的宇宙中，宇宙常数是正的。

——萨宾・霍森菲尔德（Sabine Hossenfelder）

宇宙弦是这种高度推测性物理学的一个例子。相比之下，提普勒圆柱体更立足于现实，它为解答如何逆时旅行提供了一个很好的范例，这种方法在现今被工程上的能力所限制，在基础物理学方面并没有什么问题。

宇宙工程

我们知道，回到过去的时间旅行与爱因斯坦的广义相对论密切相关。广义相对论的方程没有一个普遍意义上的解，但可以对特定的、相对简化的物体有解。1915 年，第一个重要的解就是后来被称为黑洞的东西。但大约 20 年后，荷兰物理学家威廉・范・斯托克姆（Willem van Stockum）得出了一个无限长的旋转尘粒圆柱体的解。如果这样一个圆柱体转得足够快，它对时空施加的扭曲就足以让绕着它飞行成为一种回到过去的方法（同样，最远只能回到在旋转开始的这个时间点）。

显然，和宇宙弦一样，这也是一个有些游戏性质的想法，一个思想实验。但美国物理学家弗兰克·提普勒（Frank Tipler）在 20 世纪 70 年代设想的一个变体却呈现了一种在原则上可以实现的机制。

就像马利特的激光器和范·斯托克姆的无限圆柱体一样，提普勒圆柱体依靠参考系拖曳来拉动空间和时间。不过，要想使这种机制有效，需要非常集中的质量：一种密度高于我们直接接触过的任何东西的物质。我们在地球上能接触到的密度最高的物质是锇元素，一茶匙的锇，质量超过 100 克。但要使提普勒的概念成为现实，就需要一种密度高于锇数万亿倍的物质。这听起来就像范·斯托克姆的圆柱体一样不现实，但我们有充分的理由认为，在中子星上存在着这样的物质。

原子的内部大部分是真空。电磁学和量子物理学无法消除这些空间，但原子核中的一个粒子：中子，是没有电荷的，这意味着任何大小的物体都可以由挤在一起的中子组成。不过，手动合成这样一个物体是不可能的，但大自然已经找到了一种方法。当一种白矮星变得不稳定时（通常是由于吸收了伴星上面的物质），它就会发生一种被称为“超新星”（supernova）的规模巨大的爆炸。恒星的外层被炸掉，使得它的内核被压缩到只剩一颗中子星的程度。中子星的密度大到一茶匙的质量就有 1 亿吨左右。

五颗已知的距离我们最近的中子星		
名称	地点（方位）	距离（大致光年）
RX J1856.5 - 3754	南冕座	400
PSR J0108 - 1431	鲸鱼座	425
1RXS J141256.0+792204（孤立中子星）	大熊座	625
PSR J2144 - 933	天鹤座	600
RX J0720.4 - 3125	大犬座	1000

因此，中子星成了提普勒圆柱体的理想组成部分，但我们还是不应该低估造出它的难度。它需要大约 10 颗或更多的中子星组成一个整体。虽然中子星大多都在迅速旋转，但很有可能它们是朝着不同方向旋转的，这就需要我们进行大量的操作。另一个问题是，如果把中子星聚集到一起，组成的整体质量超过极限，就会不受控制地坍缩，形成一个黑洞。我们知道很多中子星的位置。已知的最近的中子星距离我们大约 400 光年。这意味着，如果没有曲速引擎，需要 400 年以上的时间才能到达它们（如果我们真的有了曲速引擎，就不需要提普勒圆柱体了）。所以，组成这样一个圆柱体的任务不是困难，而是太难了。与宇宙弦概念不同的是，虽然我们在可预见的未来肯定无法制造提普勒圆柱体，但关于它的建造，严格意义上没有什么是不可能的。这使提普勒圆柱体比它的其他那些主要竞争对手好一些，它们中就包含了另一个科幻小说喜欢的东西：虫洞。

爱丽丝穿越虫洞

和其他逆时旅行的“工具”一样，虫洞也是广义相对论的一个概念性产物。我们知道，虫洞是时空中的裂缝，将两个相距很远的点连接起来。“虫洞”这个名字反映了穿越时空的方式，就像苹果上的虫子洞提供了一个比在苹果表面爬行更短的空间捷径。不过，提到广义相对论，就意味着它不仅仅是空间上的连接，也是时空的连接。

它的另一个名字——爱因斯坦 - 罗森桥，影射了爱因斯坦和物理学家内森·罗森在 20 世纪 30 年代联合发表的作品，它是黑洞概念的延伸。我们知道，黑洞是爱因斯坦的引力场方程得到的第一个在特定条件下的解，可以理解为物质已经坍缩到实际上消失成一个点的程度。

当你离一个物体越来越近时，引力就会增加，而由于没有物体阻挡，你可以靠近黑洞足够近，以至于引力场将时空弯到连光也无法逃出的地步。发生这种情况的距离，以首次解出方程的德国物理学家的名字命名，叫作“史瓦西半径”（Schwarzschild radius），距离的边缘形成了黑洞的“事件视界”（event horizon）。在这个位置上并没有任何物理上的阻碍，越过事件视界的东西也不会察觉到它。

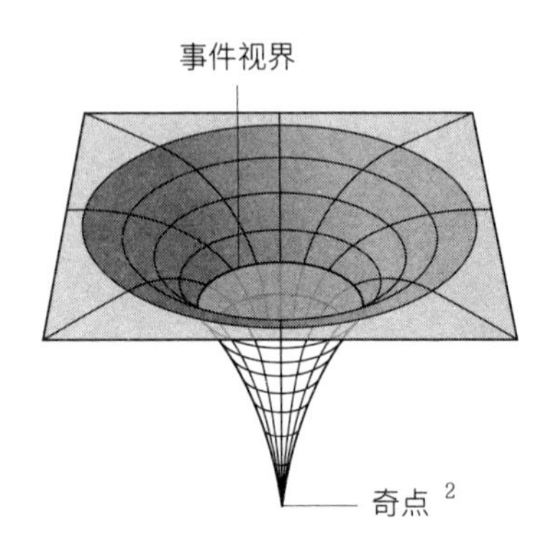

图 9—4　史瓦西半径

史瓦西从未设想过黑洞竟然真的能形成。没有任何已知的方法可以把物质压缩到足以形成黑洞的程度，但随着对恒星结构的理解加深，人们意识到，质量足够大的恒星在接近其生命终点时可能会急剧坍缩，没有任何东西可以抵挡它粒子的引力。

几十年来，黑洞的现实性是不确定的：它们在理论上存在，但还未被探测到过，但如今，有相当数量的天体被认为是黑洞，人们因它们对周围物体和光产生的影响而检测到它们的存在。从外面看，黑洞是一个完美的球体，但它所产生的时空扭曲在它的内部形成了漏斗状，它越来越窄，一直到无限远。爱因斯坦和罗森思考的是两个这样的漏斗相交的可能性。

---

2. Singularity，黑洞内部物质坍缩而成的密度无穷大的点。

如果我们想象进入一个漏斗，似乎有理由认为我们可以在另一个时间和地点，从另一个漏斗出来。然而，这里存在着困难。接近黑洞，然后再飞离它是完全可行的——只要你不通过事件视界——但一旦你确实越过了那个边界，就没有办法出来了，即使存在去到另一个黑洞的“桥”也无济于事。

这不是说越过事件视界是一个主观问题。离黑洞太近肯定会出问题。旅行者最靠近黑洞的位置和离它最远的位置间的引力差会导致它们被拉长，这个过程被形象地称为“面条化”（spaghettification）。但面对一个巨大的黑洞时，出现前面说的这种情况就已经晚了：在那之前，旅行者就已经越过事件视界了，而他们甚至不会意识到这一点。而如果想要从虫洞的另一端出来，是需要旅行者在黑洞的事件视界之外的。

有人建议，我们需要的不是一对黑洞，而是“黑洞 - 白洞”组合。白洞具有与黑洞相反的特征：它不是把所有东西留在里面，而是把它们都喷出来。不过这里有一个大问题：我们仅在大爆炸（Big Bang）时的宇宙这一个特例中找到过白洞存在的证据。这对我们没有太大帮助。

我们还是回到基础的虫洞吧。即使我们已经遇到的那些问题都能被攻克，还会有一个新的问题需要解决。如果有东西试图通过虫洞，虫洞就会坍缩。这个过程将会非常快，不可能有足够的时间到达另一端。然而，有一种解决办法。我们需要保持虫洞敞开，而这需要负引力（negative gravitational force）。这可以从曲速引擎需要的那种奇特的负能量中产生。

为了把时空扭曲成可以穿越回过去的程度，我们需要的是负能量密度的物质。

——斯蒂芬·霍金

当然，仅有虫洞存在并且可以穿越也是不够的。远端的时间得在我们这端时间的过去才行。要做到这一点，最简单的方法是拿起远端，快速摆动它，从而建立起一个狭义相对论上的时间差——假如我们能做到的话。或者可以把远端放在中子星附近，这样引力效应的时间减缓效果就会发挥出来。但是考虑到连如何找到或制造一个虫洞都仍是未知的，前述的那些就更难实现了。哦对了，到了另一端之后，你还得想办法回去。在距人类社会50光年之外的地方回到过去是没有任何意义的。而且，通过同一个虫洞回来也没有意义，因为你需要穿越回我们的时间。所以，你需要两个在不同方向上有时间差异的虫洞[3]。

值得一提的是，尽管虫洞跟宇宙弦比起来，有更稳固的理论基础（我们知道看起来像黑洞的事物是存在的），但我们没有证据证明存在虫洞。虫洞从未被自然地探测到，我们也不知道如何制造它们。至此为止，希望我已经把各种可能方式讲清楚了，虽然提普勒圆柱体更简单，但曲速引擎更有可能成功。虫洞很有趣，但不太可能提供解决方案。

不过，如果回到过去的时间旅行得以实现，哪怕只是马利特假想实验那么小的规模，我们也会面对时间悖论。

---

3. 也就是说，需要两个虫洞，一个通往“过去”，一个通往“未来”。

第10章 时间悖论接踵而至

不要轻视悖论，悖论是思考者的激情之源……一切思想的最高悖论是尽力发现思想不能够思考的事情。

——祁克果（Søren Kierkegaard）

如果回到过去的时间旅行成为现实，就会出现一些悖论（paradox）。人们常常困惑于究竟什么是悖论：有些人用这个词来表示一种由于逻辑错误而出现的谬误，但用它来表示不可能发生的事实际发生了，似乎效果更佳[1]。我们知道，从物理学上看，回到过去的时间旅行并非不可能，如果它发生了，我们很有可能进入一种现实与自身相矛盾的状态。

无用的收音机

假设马利特的构思是可能的，即使是一条信息穿越回几分

1. 此处更侧重英文 paradox 的“自相矛盾”之意。

之一秒之前，我们就已经可以一窥时间旅行悖论的本质了。想象一个可以用无线电信号关闭的无线电收发器（它是完全可能存在的）。再继续想象，收发器本身可以发出关闭自身的信号（也是完全可行的）。于是，它就变成了无意义但有趣的设备之一。马文·明斯基（Marvin Minsky）的“无用机器”是这种设备的典型的例子。

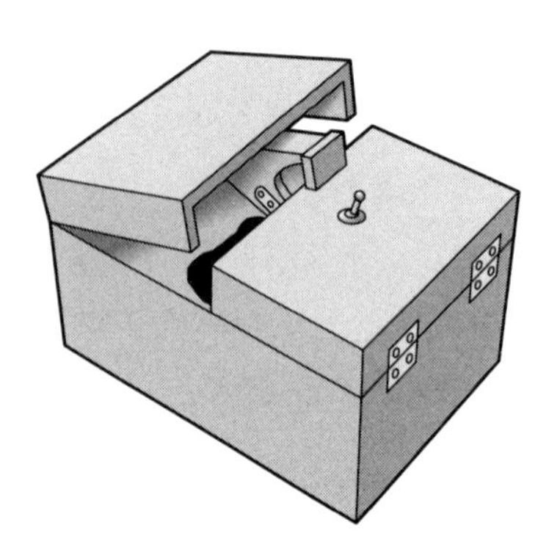

图 10—1　马文·明斯基的“无用机器”

马文·明斯基是麻省理工学院的一名美国籍计算机科学家，专门研究人工智能。他制造了一个带开关的盒子，把这叫作“终极机器”。当开关打开时，一个机械推动装置从盒子里冒出来，将开关关掉。这是一个以关闭自身为唯一目的的装置，而我们的无线电收发器是同一概念的非机械版本。为了简单易懂，我们这样表述：在打开设备后，它会生成一种让自身关闭的信号。

神也无法改变过去。

——阿伽颂（Agathon，生于公元前 445 年）

想象一下，如果我们有办法将该信号送回一秒钟以前。我们打开收发器，它发出的信号回到信号发出前的一秒钟，并关闭设备。因为收发器在信号发出之前就被关闭了，所以信号就不会被发送到过去。因为信号没有回到过去，所以收发器仍然开着，而信号也会被发送。但信号发出去，收发器就会在信号发送前关闭……如此往复。

这就是典型的恼人的、让人费解的时间旅行悖论，不过，在别的例子中，它们的戏剧性可能比这大多了。

你对祖父有什么不满？

就像魔术师让汽车或建筑物消失的大型魔术，实际上使用的是与桌面魔术相同的技法，只是由于给人的冲击比较大而更具戏剧性，最众所周知的时间旅行悖论所用的概念和无用的无线电收发器所用的概念完全相同，但由于其产生的影响之大而让我们大开眼界。

它被称为祖父悖论（grandfather paradox），包含了旅行者回到过去，在他祖父有孩子之前把祖父杀死这样的情节。如果主人公的祖父不存在了，那他的父亲也不会存在，这个时间旅行谋杀犯也就不会出生了。这意味着谋杀案从未发生过。而这，又意味着时间旅行者还是会出生的……如此往复。

虽然它被普遍称为祖父悖论，但我想不通为什么要杀死祖父。小说中的这个概念至少可以追溯到 20 世纪 20 年代，但为什么这种时间旅行悖论的原型通常是杀死祖父母，而不是在主人公被怀上前杀死父母，这是一个谜。也许只是年轻时的祖父母比起父母更陌生，从而使我们的谋杀者在进行这个让人不快的实验时，能轻松一点。

你自己的鞋带

比祖父悖论更令人费解的是鞋带悖论（bootstrap paradoxes，是指“提着自己的鞋带把自己拉起来”，又称为“引导悖论”）。

它指的是，让一件东西回到过去会导致另一个事物凭空出现。例如，假如我们能用时间机器将一本书送到它还没被写出来的过去，会怎么样？我们把它送回给作者，他跟所有作家一样懒，决定不写这本书了，而只是逐字逐句地把它抄下来，然后把手稿寄给出版商。那么，是谁写了这本书？它是从哪儿来的？

> 爱因斯坦的理论是你一头栽进有趣的悖论的开端。
>
> ——伊丽莎白·豪厄尔（Elizabeth Howell）

让我们好好想想，“现在的”和“过去的”作者都经历了些什么，可以想得到时间线一定发生了某种中断。在实验开始时，过去的作者已经写了这本书，于是现在的作者会记得他曾经做成的这件事。继而，现在的作者把书送回写书之前。过去的作者在这一时间线上的这一刻不会有关于本书的记忆，它此时还不存在。一旦过去的作者收到了这本书，他的经历就会变得不同，因此，现在的作者的记忆就必须改变。其结果就是，现在的作者所在的未来，已经不同于实验开始前的未来了。

罗伯特·海因莱因的经典科幻短篇小说《你们这些傻瓜》，

将这个悖论发展到了令人惊愕的极端——有人变成了她自己的父亲和母亲。这是最找不到出路的鞋带悖论，因为回到过去的主人公构建了一个紧密的时间循环。主人公出生时同时拥有男性和女性的性器官。她最初被安排做女性，受到一个年长的男人勾引。生下孩子后，她由于医学上的并发症，又重新作为一名男性生活。男性主人公变老之后，把发生的事告诉给了一个酒保，而这个酒保有一台时间机器，他把男性主人公送回了过去，正是男性的自己把女性的自己搞怀孕的。

九个月后，酒保抢走了孩子，并把孩子带回了过去，成为主人公的母亲……最终，酒保也被揭晓为老年时期的主人公。由于故事中的每个人物都是同一个人，酒保对读者说了一句话，解释了小说的书名："我知道我是哪儿来的，但你们这些傻瓜是从哪儿来的呢？"（容易搞混的是，海因莱因还写了一篇叫《他的鞋带》的短篇小说，但并不像《你们这些傻瓜》一样环环相扣。）

无中生有

热力学第一定律有时被拿来反驳逆时旅行。根据该定律，在一个封闭的系统中（我们将在后面详说这个"封闭系统"），质量

/能量（因为物质和能量可以相互转换）是守恒的。借用海因莱因喜欢的一个缩写，TANSTAAFL——“天下没有免费的午餐”（There ain't no such thing as a free lunch），你不可能让物质突然出现，它一定以某种形式来自某个地方。

你不可能让物质凭空出现，这当然是真的，但实践中这不过是红鲱鱼[2]而已。我们知道，物体可以在空间和时间中移动，这每时每刻都发生在我们周围，而不会违背第一定律。从物体的角度来看，能量确实是守恒的，所有其他的观点都只是混淆而已，相对论已经将同时性这个概念变得模糊了起来。由于相对性的影响，虽然你表面上可以通过时间旅行致富，但实际上你总是会失败，至少是不可能直接聚敛财富的。

让我们简单想象一下，假如我有一根 1 千克的铂金条。在我写这篇文章的时候，它的价值大约是 21000 英镑（1 英镑≈ 8.66 人民币）。我把它带回过去：已经得到铂金条之后的过去。于是，在那个时间点，我有了两根铂金条。可以等一段时间之后，再把这两根金条拿回过去，得到四根金条，以此类推。但为了避免头疼，我们还是只探讨最初带回第一根铂金条的时候吧。

2. 红鲱鱼谬误（red herring），也叫转移话题谬误，通过把对方注意力和讨论方向转移到另一个不相关的论题上，从而赢得论战。

我现在有了两倍的财富。所以我花掉了其中一根，保留了另一根，我花掉了无中生有的钱。但是有一个问题，最终我还是会到达未来那个把铂金条送回过去的时间点。如果我无法把它拿回过去，它就不会成为两根，所以我必须把剩下的那根送回过去（如果我把两根铂金条都花掉了，那就得再去找一根送回去）。从把铂金条送回过去的那个时间点开始，未来的我手里就没有铂金条了。是的，我可以花掉一根金条，但那是我本来就有的那一根。而花掉它之后，未来的我就没有金条了。

当然，这无法让我放弃通过时间旅行赚钱。我可以用金条投资，在未来赚取利润。但其实，未来的我本来也可以这么做。唯一能赚到钱的是那个只涉及信息的经典把戏，所以不会违反热力学第一定律。例如，我可以在开奖前把中奖彩票的号码发回给以前的自己。在实践中，除非时间机器的发明可以被保密，否则这就不是一种优势，就像现实中的早期“时间机器”——电报向我们展现的那样。

在电报问世之前，博彩公司通常会对已经结束的比赛进行投注，因为结果从赛马场传到远方的城市可能需要几个小时或几天。当电报比赛马结果还早到时，一些赌徒在博彩公司之前意识到了这一点，于是就根据他们已经得知的结果下注，从而大赚一笔。同样，一旦可以时间旅行，彩票以及其他对事件结果的投注博彩，有可能会短暂地继续下去，让少数人赚取巨额利润，但不久之后，赌博模式将不复存在。

很难想象从彩票到赛马的传统赌博要如何延续下去，因为它们都依赖赌徒对日后公开结果所做的预测，这些结果非常容易被带回到过去，然后欺骗博彩系统。不过可以设想一种彩票，玩家被分配随机数字，但不告诉他们这些数字是什么。这样，可以一一联络随机数字的持有者，并给他们支付奖金，其他人没有任何手段可以将中奖号码传送到过去。

一切都离不开熵

与热力学第一定律一样，第二定律也经常作为“时间旅行杀手”被引用。第二定律比第一定律有意思多了。我们曾讲过，第二定律有效地引入了一个时间的“方向”。虽然这个物理定律最初主要是有关热量运动的（所以叫“热力学定律”），它通常在数学上用“熵”（entropy）来构建。

理解“熵”

熵测量的是系统中的无序程度（这里的系统可以指任何能想到的东西，从一对原子到整个宇宙）。这听起来似乎有点模糊，但它有一个精确的定义。在数学上，熵是通过找出系统的组成部分可以被重新排列的方式时被发现的。具体来说，熵 S 的计算方法是：

$$S = k \ln \Omega$$

这里的 k 是玻尔兹曼常数，ln 表示自然对数（以 e 为底的对数），Ω 是系统各部分可能被重新排列的方式的数量。

可重新排列的方式越多，熵就越高。热力学第二定律说，在一个封闭的系统中（一个能量无法进入或流出的系统），熵只能保持不变或者增加。

时间旅行的论点是，如果你把一些信息送回过去，比如鞋带悖论中提到的书，那么你实际上是在减少熵，因为信息的熵少于混乱的组成部分。然而，这里的变通之处在于定律中提到的“封闭系统”。例如，通过写一本书，我确实减少了熵，但代价是消耗了大量能量。同样地，让书（或其他东西）回到过去也需要大量的能量，所以在第二定律这里，也不太可能出现问题。

一致性历史诠释

有一种应对悖论的方式是，接受它，习惯它存在。不过还有另外两种可能性。我们已经了解到了，时间旅行的悖论有极强的戏剧性，以至于斯蒂芬·霍金提出了他的时间因果序假设，即自然界将采取行动，来防止时间中任何悖论性的扭曲。这一要求，有时也被称为“历史一致性”，最初听起来不太可能，因为它需要宇宙有意识地干预我们的行为。也就是说，举个例子，如果我计划回到过去，把那本书的复制品给过去的我，以此来节省写书的工夫，我们会期望宇宙说“啊哈，这不可能”并阻止我。

不过，如果不考虑自主意识的话，这个概念也不是那么难以理解。毕竟，既然我们能接受宇宙“告诉”物质在引力的影响下应有何种行为，那为什么不能告诉物质在时间旅行的影响下应该怎么做呢？也就是说，告诉物质，如果某件事可能产生悖论，它就不会发生。这可能以多种方式实现。时间机器可能失效，时间旅行者可能在悖论发生之前被弹回来，或者，最简单的方式就是时间旅行者从设定好了会发生悖论的地方回来，却发现什么都没有改变——因为未来已经被锁定了。

一个不同的世界

或者，量子物理学的一个理论可以使悖论完全成立。

这一假想是，当时间旅行者回到过去时，他们就进入到了与历史记载所不同的另一种历史中了。

——斯蒂芬·霍金

我们通过科幻小说，熟悉了平行宇宙或架空历史（alternative histories）的概念，但它并不只存在于小说中。多世界假说（Many worlds hypothesis）是对量子物理学的一种阐释，它认为，每当一个量子粒子有两种可能的选择时，每个选择都发生在一个单独的宇宙中。如果是这样的话，悖论就不攻自破了，因为两个相互冲突的部分将分别发生在不同的宇宙中。

如果多世界假说是真的，那么时间旅行者就有了退路。时间旅行者在过去采取的行动不可避免地导致分裂出来不同的宇宙。以祖父悖论为例，在旅行者所处的宇宙，她的祖父仍然活到了组建完家庭之后，与祖父被杀害的世界是不同的。不过，还是有不十分清楚的地方（这也给科幻小说创作者留了一点发挥的空间），就是旅行者是否能够回到那个她不存在的未来，或是去到她祖父活下来的那个未来。她也有可能回到一个祖父变成了另一个人的未来，因为她原本的祖父已经死了。如果是这样的话，她甚至可能记不起她原本的祖父是谁了。

量子理论的问题所在

量子物理理论非常了不起。它的预测准确得令人吃惊，并且是所有现代电子技术的基础。然而，它也描绘了一幅奇怪的世界图景，其中的量子粒子与我们所熟悉的物体完全不同。

有非常多想要解释“真正”发生了什么的量子理论“阐释”。最被广泛接受的是哥本哈根诠释（Copenhagen interpretation），即粒子只有存在的概率，直到它们与周围环境相互作用，这些概率凝聚成我们所观察到的东西。哥本哈根诠释已经发展到解决一个被称为“波函数坍缩”（waveform collapse）的问题，后者曾无法解释为什么粒子固定在了一个具体的位置上。

还有其他的一些阐释，其中最引人注目的是多世界理论。它说的是，每当一个量子粒子可能出现不同的（观测）结果时，宇宙实际上就会一分为二，因此所有可能的结果都存在于数量庞大的平行宇宙中的某个地方。

尽管多世界假说确实提供了逃出因果灾难的途径，但应该强调的是，许多物理学家并不接受这一假说，它似乎使宇宙变得没有必要的复杂。然而，目前还没有任何东西可以被用来反驳这个假说（它的物理学预测与量子理论的其他阐释方式所做的预测相同），所以我们可以安全地利用它作为我们的退路。

图 10—2　多世界假说

不管现实是怎样的，时间悖论都让人心力交瘁，而且奇怪的是，时间悖论竟没怎么被科幻小说和电视剧探讨过。这些小说和电视剧把时间旅行表现为有趣又迷人的烧脑挑战。时间悖论不会出现在向着未来的时间旅行中，向着未来的时间旅行是可行的，扩大它的规模只是时间问题，而回到过去的时间旅行可能永远无法实现，不过困难更多在于工程上的问题，它在物理定律上也并非是不可能的。

恭喜你读完了最后一章。你已经具备了成为一名时间旅行者的条件。现在，出去玩玩，享受时空的连续性吧！

术语表

Alcubierre drive

阿尔库贝利引擎：一种假想的飞船引擎,通过扭曲时空来工作。

Antimatter

反物质：一种物质的类型，其组成粒子的一些物理特性（如电荷），与正常物质相反。

Arrow of time

时间之箭：认为时间有方向性，区分过去和未来，似乎取决于热力学第二定律。

Atomic clock

原子钟：一种非常精确的时钟，通过原子核的衰变来测量时间的流逝。

Black hole

黑洞：在巨大的压力下坍缩的恒星，实际上成为一个无尺寸的点。太靠近黑洞的话，连光也无法逃脱。

Bootstrap paradox

鞋带悖论或引导悖论：时间旅行悖论，即物体、信息或人的起源消失，从而使它成为无中生有的。

Butterfly effect

蝴蝶效应：来自混沌理论的概念，即：初始条件的非常小的变化（如蝴蝶翅膀的冲击）可以使事件随着时间的推移而发生重大变化。

Casimir effect

卡西米尔效应：一种量子效应，两个非常接近的平滑的板子，会有一种力量将它们拉向对方，这种力实际上就是负能量。

Causality

因果关系：事件可以影响未来，但不能影响过去。

Chaos

混沌：混沌系统的表现，即初始条件下的微小差异在经过一段时间后会导致重大变化。

Chronology projection conjecture

时序保护猜想：现实世界会竭力防止过去的变化与现在相矛盾。由英国物理学家斯蒂芬·霍金提出。

Closed timelike loop

闭合的时间环：时空的扭曲，在理论上会产生一个允许时间倒流的环。

Correlation

相关性：当两个事件，因为在空间上或时间上的接近而看起来有联系时，其中一个事件导致了另一个事件这种说法可能是真的，也可能不是。

Cosmic rays

宇宙射线：从外太空进入地球大气层的高能量粒子。

Cosmic strings

宇宙弦：一种假设的物质，在太空中结构密度极高，可能是在宇宙之初自然界的力量相互分裂时形成的。

Cryonics

人体冷冻：有争议的概念，即在人死后立即将人体或头颅储存在极低的温度下，希望在未来使其复活。

Dimension

维度：空间或时间的特定方向的测量尺度。维度通常互呈直角，需要三个维度来覆盖空间中所有可能的位置。

Dystopian futures

反乌托邦式的未来：基于不愉快的（科学可能导致的）结果而对未来做出的预测（或写成的科幻小说），被作为乌托邦的反面。

Einstein–Rosen bridge

爱因斯坦－罗森桥：见“虫洞”词条。

Electrochemical

电化学：一种结合了电和化学的系统，如利用带电粒子在大脑中携带信号。

Electromagnetic wave

电磁波：当一个变化的磁场产生一个变化的电场，而这个电场又产生另一个变化的电场时产生的一种波，以此类推。光是一种电磁波，尽管它的波状特性是一种量子效应，而不是传统的物理波。

Electron

电子：小型基本粒子，一个或多个电子存在于原子的外部，是电流的载体。

Encryption

加密：通过使用代码或密码来隐藏信息。

Entropy
熵：衡量一个系统的无序程度，由其组成部分的可能的组织方式的数量决定。根据热力学第二定律，在一个封闭的系统中，熵在统计学上将保持不变或增加。

Equivalence principle
等效原理：加速度和引力的影响是无法区分的，它引导爱因斯坦创造出了广义相对论。

Frame dragging
参考系拖曳：广义相对论中的概念，说的是运动的大质量物体会倾向于在同一方向上扭曲时间和空间，所以旋转的大质量物体可以使它周围的时空旋转。

Galilean relativity
伽利略相对性原理：由伽利略提出的相对性基本原理，表明我们需要考虑观察者相对于被观察情况的运动，一个稳定移动的观察者看到的事物与静止的观察者相同，形如这样的一种物理定律。

General theory of relativity
广义相对论：爱因斯坦对相对论的进一步发展，考虑到了加速度，并将引力解释为物质对空间和时间的扭曲的影响。该理论表明，靠近大质量物体会使时间变慢。

Global Positioning System（GPS）

全球定位系统：涉及了一个卫星网络的系统，通过广播时间信号，使地球表面的位置得到准确定位。

Grandfather paradox

祖父悖论：穿越时间回到你父母出生前，然后杀死祖父母所造成的悖论。如果它发生了，你还会存在吗？如果你不存在了，那事情就不会发生。

Hard science fiction

硬科幻：科幻小说尽可能地将推演写作建立在不违反已知物理规律的科学和技术的前提之上。

International Space Station (ISS)

国际空间站：迄今为止持续时间最长的空间站是美国和俄罗斯的联合项目，由近地轨道上的一组连接在一起的模块组成。

Ion

离子：一个获得或失去电子的原子，而成为带电原子。

Kinetic energy

动能：由于物体的运动而产生的能量。

Light clock

光钟：一种时钟，用在一对平行镜子之间跳动的光束来测算时间。

Many worlds hypothesis

多世界假说：对量子物理学的一种解释，即每当一个量子粒子有两种可能的状态时，宇宙就分裂成两个，每个状态一个。

Muons

缪子：由高能碰撞产生的短寿命粒子，与电子相似，但质量更大。

Neuron

神经元：大脑或神经系统中的细胞，可以与其他许多细胞连接，并处理电化学信号。

Newton’s laws of motion

牛顿运动定律：三个基本定律，由艾萨克·牛顿在17世纪提出，描述了作用在物体上的力如何使其运动状态发生变化。

Nuclear fusion

核聚变：太阳的动力来源，两个或多个较轻的离子结合在一起形成一个较重的离子，在此过程中会释放能量。

Paradox

悖论：看上去是逻辑推论的过程产生矛盾的结果。一个简单的悖论就是“这句话是假的”。这句话是真的，还是假的?

Photoelectric effect

光电效应：光落在金属或半导体上可以产生电流的现象。

Photon

光子：光的量子粒子，是电磁力的载体。我们在学校学到的是：光是一种波，但实际上它是一种具有类似波的特性的光子流。

Prism

棱镜：将一个三角形延伸到第三维而形成的形状。棱镜通常由玻璃或其他透明材料制成，用于实验光的反射和折射。

Quantum entanglement

量子纠缠：神秘的量子现象，被分开到任何距离的两个粒子，其中一个粒子的变化会立即反映在另一个粒子上。

Quantum physics

量子物理学：关于非常小的粒子如电子、原子和光子的科学，它们的行为与我们熟悉的物体的行为有很大的不同，因为这些粒子的许多属性，如位置，并不是明确固定的，而是以一系列的概率的形式存在，直到它们与另一个物体相互作用。当自然界的某些方面不是连续可变的，而只能有固定数量的值时，就会出现这种情况。

Quantum spin

量子自旋：量子粒子的一种属性，与旋转产生的效应有一些相似之处，但实际上与旋转无关。当一个粒子的自旋被测量时，结果只会是向上或向下。

Quantum tunnelling

量子隧穿：量子粒子通过本应阻止它们的障碍物，而不在该障碍物中花费时间的能力。

Reaction mass

反作用质量：从火箭（或喷气发动机）后面推出的材料，由于牛顿第三运动定律而产生向前的推力。

Refraction

折射：光线从一种物质（如空气）移动到另一种物质（如玻璃）时，其行进方向发生变化的光学现象。

Relativity

相对论：物理学中，观察到的东西取决于观察者的相对情况（在空间、时间、运动和加速度等各方面）。

Science fiction

科幻小说：有时被称为“推演小说”。利用科学发展作为载体（这些科学可能已经存在，也可能不存在）来探索人类如何应对由此产生的世界的小说。

Second law of thermodynamics
热力学第二定律：见“熵”。

Simultaneity
同时性：两个事件发生在同一时间点的想法。根据狭义相对论，同时性不是绝对的，而是相对的，取决于观察者和事件间的相对运动。

Spacetime
时空：空间和时间的组合，源于狭义相对论对两者内在联系的论证。

Special theory of relativity
狭义相对论：爱因斯坦对伽利略相对性原理的发展，考虑到光总是以相同的速度传播，这意味着观察者会发现运动物体的时间变慢，物体的质量增加，运动方向缩短。

Superluminal transmission
超光速传输：发送信号的速度超过光速，由量子隧穿技术实现。

Time dilation
时间膨胀：由于相对论效应导致的时间变慢，可以用以实现时间旅行。

Tipler cylinder

提普勒圆柱体：由中子星构建的巨大的假想圆柱体，当它旋转时，由于参考系拖曳，可以实现时间的倒流。

Twins paradox

双胞胎悖论：当一对双胞胎中的一个被送入太空高速旅行一段时间，而另一个留在地球上时，就会出现这种悖论。由于时间膨胀，在太空旅行的那个最终会比在地球上的那个年轻。

Uncertainty principle

不确定性原理：量子理论的结果，成对的属性（例如位置和动量或能量和时间）是联系在一起的，其中一个的属性被测量得越准确，测量另一个得到的结果就越不准确。

Uploading

上传：扫描人脑的格式并在计算机中复制，让其可以在未来被唤醒并仍保持意识的假想。

Virtual particles

虚粒子：由于不确定性原理，一个地方的能量可以在短时间内变化很大，大到足以产生一对粒子，一个是物质，一个是反物质，它们迅速地重新结合并重新形成能量。

Vitrification

玻璃化：字面意思是“变成玻璃”，将液体冷冻成一种非晶体固体，像玻璃一样。因为晶体可能会损坏任何含有液体的结构。

White hole

白洞：假想的“反黑洞”，与宇宙大爆炸时的状态不一样。

Wormhole

虫洞：假想的时空裂缝，连接从一个地方和另一个地方，可以穿越过去而无须驶过其间的空间。

扩展阅读

关于时间旅行的深度探索：

Build Your Own Time Machine / How to Build a Time Machine by Brian Clegg, Duckworth (2011)/St Martin's Press (2011)

关于虫洞以及其他与广义相对论有关的时间旅行的技术的探索：

Black Holes and Time Warps: Einstein's Outrageous Legacy by Kip Thorne, W.W.Norton (1994)

关于黑洞和时间的经典的探索：

A Brief History of Time: From the Big Bang to Black Holes by Stephen Hawking, Penguin Random House (1988)

帮助理解相对论：

The Reality Frame: Relativity and Our Place in the Universe by Brian Clegg, Icon Books (2017)

理解科幻小说中对时间旅行的描述是从何开始的：

The Time Machine by H. G. Wells, Penguin Random House (1895) (published by William Heinemann in the US)

对于时间在现代物理学中的地位的最佳描述：

Time Reborn: From the Crisis in Physics to the Future of the Universe by Lee Smolin, Allen Lane (2013)

图像形式的最佳的关于时间的探索：

Introducing Time: A Graphic Guide by Craig Callender and Ralph Edney, Icon Books (2010)

罗纳德·马利特的详细自传：

The Time Traveller: One Man's Mission to Make Time Travel a Reality by Ronald Mallett and Brian Henderson, Doubleday (2007)

图书在版编目（CIP）数据

四维：令人惊叹的时间旅行 / (英) 布莱恩 · 克莱格著；王源译. -- 北京：北京联合出版公司, 2022.9

ISBN 978-7-5596-6091-6

Ⅰ. ①四… Ⅱ. ①布… ②王… Ⅲ. ①物理学–普及读物 Ⅳ. ①O4–49

中国版本图书馆CIP数据核字(2022)第059698号

北京市版权局著作权合同登记 图字：01-2022-1998

四维：令人惊叹的时间旅行

Pocket Einstein: 10 Short Lessons in Time Travel

作　　者：［英］布莱恩·克莱格
译　　者：王　源
责任编辑：夏应鹏
出 品 人：赵红仕
封面设计：安　宁
内文制作：泡泡猪

北京联合出版公司出版
（北京市西城区德外大街83号楼9层　100088）
北京联合天畅文化传播公司发行
文畅阁印刷有限公司印刷　新华书店经销
字数104千字　787毫米×1230毫米　1 / 32　6.5印张
2022年9月第1版　2022年9月第1次印刷
ISBN 978-7-5596-6091-6
定价：49.00元